"十三五"国家重点出版物出版规划项目
国家科技基础性工作专项

国家出版基金项目
NATIONAL PUBLICATION FOUNDATION

中国主要作物气候资源图集

棉花卷

主编
梅旭荣

本卷主编
白文波　李昊儒

浙江科学技术出版社·杭州

版权所有　侵权必究

图书在版编目（CIP）数据

中国主要作物气候资源图集. 棉花卷 / 梅旭荣主编；白文波, 李昊儒本卷主编. — 杭州：浙江科学技术出版社，2023.12

ISBN 978-7-5739-0724-0

Ⅰ.①中… Ⅱ.①梅…②白…③李… Ⅲ.①棉花－农业气象－气候资源－中国－图集 Ⅳ.①S162.3-64

中国国家版本馆CIP数据核字（2023）第230675号

书　　名	中国主要作物气候资源图集·棉花卷				
主　　编	梅旭荣				
本卷主编	白文波　李昊儒				
出版发行	浙江科学技术出版社 杭州市体育场路347号　邮政编码：310006 办公室电话：0571-85152719 销售部电话：0571-85176040 E-mail: zkpress@zkpress.com				
排　　版	杭州万方图书有限公司				
印　　刷	浙江新华数码印务有限公司				
开　　本	787mm×1092mm　1/16		印　张	7	
字　　数	304千字				
版　　次	2023年12月第1版		印　次	2023年12月第1次印刷	
书　　号	ISBN 978-7-5739-0724-0		定　价	100.00元	
审 图 号	GS浙（2023）120号				

策划组稿　章建林　詹　喜　　　**责任编辑**　李兼然
责任校对　赵　艳　　　　　　　**责任美编**　金　晖
责任印务　吕　琰　　　　　　　**装帧设计**　顾　页

"中国主要作物气候资源图集"编委会

主　　任　　梅旭荣

副 主 任　　刘布春　白文波　刘　勤　毛丽丽　杨晓娟　刘　园
　　　　　　　　游松财　李昊儒

总 编 委　（按姓氏笔画排序）
　　　　　　　　毛丽丽　白文波　刘　园　刘　勤　刘布春　严昌荣
　　　　　　　　李昊儒　杨晓光　杨晓娟　何英彬　张立祯　姚艳敏
　　　　　　　　梅旭荣　游松财　霍治国

《中国主要作物气候资源图集·棉花卷》编写人员

主　　编　　梅旭荣

本卷主编　　白文波　李昊儒

本卷副主编　毛丽丽　王雪姣

编 写 人 员（按姓氏笔画排序）
　　　　　　　　王雪姣　毛丽丽　白文波　刘　园　刘　勤　刘布春
　　　　　　　　严昌荣　李昊儒　杨晓光　张立祯　梅旭荣　游松财
　　　　　　　　霍治国

地 图 编 制　浙江省测绘科学技术研究院
数 字 制 图　杭州吉思信息技术有限公司

序

　　光、温、水、气等气候资源要素是作物生长发育必不可少的物质能量来源和环境条件，其数量、质量及时空组合不仅影响着一个地区作物的种植结构、种植制度和耕作栽培技术，而且决定了一个地区作物的气候生产潜力、现实生产能力和实际产量。气候资源要素与作物生产之间的关系和相互作用规律，不仅是农业气候学要研究的基础科学问题，还是农业生产要解决的实际问题。

　　无论是在人类社会初期的原始农业阶段，还是在科学技术高度发展的现代农业阶段，探索、认识和掌握气候资源与作物间关系及其相互作用规律，并据此来优化作物生产布局和改进生产技术都是农业生产与管理者重点关注的问题。1400多年前，北魏贾思勰在《齐民要术》中就有"顺天时，量地利，则用力少而成功多"的经典论述。它昭示人们，根据自然规律办事则事半功倍。我们把这种关系和相互作用规律进行总结，并用图的形式形象地表现出来，就形成了农业气候资源图集和作物气候资源图集。这两者的区别是前者强调气候资源要素与农业的关系，更具区域性；后者突出作物生产与气候资源要素结合的相互作用，更具操作性。

　　因此，继2015年和2016年按照气候资源要素与农业的关系编制出版了"中国农业气候资源图集"系列图书之后，我们深感它作为国家科技基础性工作专项"中国农业气候资源数字化图集编制"的研究成果，对作物生产的实际指导价值并没有被充分挖掘，这成为我们编制"中国主要作物气候资源图集"系列图书的初衷。于是，在已出版图集的基础上，我们以为主要作物生产提供指导为目的，系统梳理了水稻、小麦、玉米、棉花、大豆五大粮棉油作物气候适宜区和主要发育期的气候资源状况，对其主要发育期和全生育期的农业气候资源进行综合评价，并给出生产操作建议，形成了《中国主要作物气候资源图集·水稻卷》《中国主要作物气候资源图集·小麦卷》《中国主要作物气候资源图集·玉米卷》《中国主要作物气候资源图集·棉花卷》《中国主要作物气候资源图集·大豆卷》。

　　本系列图集的编制出版，是农业气候资源研究的最新成果的体现，是源远流长的华夏农耕文明的延续和升华，它饱含了几代农业气象科技工作者的心血，不仅能成为农业科研教育和生产管理者的案头查阅工具书，而且能为农业生产经营和技术服务等多元主体提供生产决策依据和数据支撑。本系列图集的编制出版得到了中国农业科学院农业环境与可持续发展研究所、中国农业科学院农业资源与农业区划研究所、中国农业科学院农田灌溉研究所、中国气象科学研究院、中国农业大学、中国科学院地理科学与资源研究所等单位的大力协助，也得到了国家出版基金的资助。

在编制本系列图集的过程中，虽然我们倾尽所能，力求避免错误，但受水平所限，且我国存在主要作物种植区域广阔、长时间序列完整数据获取困难等客观情况，图集中出现遗漏和片面表述的情况在所难免，殷切希望广大同仁和读者不吝赐教，给予批评指正。我们也将不断深化农业气候资源研究和成果分享，使它们更好地为我国农业生产服务，更有力地支撑我国粮食安全和农业农村现代化建设。

2023 年 11 月

前言

农业气候资源是为农业生产提供物质与能量的可再生资源，其中光、温、水、热等气候要素的数量、组成与空间分布状况，在很大程度上决定了农业生产类型、农业生产效率和农业生产潜力。我国地域辽阔，气候类型多样，农业气候资源丰富，但气候变率高、波动大，农业气象灾害频繁发生。20世纪80年代以来，全球气候变暖呈现加快的趋势，光、温、水、热等农业气候要素及其时空匹配状况发生了明显的变化，极端天气气候事件的发生频率增高、强度加大。因此，科学分析和评估1981—2010年30年来我国主要作物棉花气候资源的时空分布特征，对高效利用农业气候资源、合理布局农业生产结构、趋利避害等具有十分重要的意义。

《中国主要作物气候资源图集·棉花卷》围绕我国棉花生长发育过程中光、温、水、热等气候要素，以及频繁发生的气象灾害和病虫害，以近30年的基础气象数据为基础，通过延伸资料年代、增加站点等方式，采用数字化技术，共编制图幅71幅，包括不同时期棉花作物生育期状况、光温资源指标、水分资源指标和主要气象灾害指标等，以期系统全面地反映1981—2010年30年间我国棉花气候资源时空分布的特征及变化趋势，为合理调整农业结构与种植布局、科学制定生产决策等提供依据。

本卷图集的编制工作由中国农业科学院农业环境与可持续发展研究所、中国农业大学和中国农业科学院农业资源与农业区划研究所共同承担，由梅旭荣、白文波、李昊儒、张立祯、毛丽丽、刘布春、游松财、刘勤、刘园、杨晓娟等编制完成。中国农业大学郑大玮教授、江苏省农业科学院金之庆研究员对本卷图集进行了审阅。值此出版之际，谨向所有的合作单位和专家一并致以衷心的感谢！

本卷图集适用于从事农业生产管理、农业政策制定、农业科研和教学等相关工作的科技人员参考使用。

尽管在本卷图集编制过程中我们倾尽所能开展工作，但由于存在数据量大及部分资料缺失的情况，数据整编和图集编制过程中出现不足和遗漏之处在所难免，殷切希望广大同仁和读者不吝赐教，给予批评指正，以便今后修订、完善，更好地为广大读者服务，促进作物气候资源的科学研究和成果共享。

编 者

2023年11月

编制说明

一、编制的目的

我国地域辽阔，气候类型多样，农业气候资源丰富，但人口、土地与粮食的矛盾日益突出，农业气象灾害频繁发生。在过去的几十年中，由于全球气候变暖及作物品种更换等多种因素的影响，我国主要作物棉花的生育期在空间上也出现了一些变化，气候资源时空分布发生明显改变，主要种植区域布局等也经过了多次调整。因此，采用数字化技术，整编中国棉花生育期和气候资源数据，比较两个时期作物生育期和时空分布格局的变化，对科学评估气候变化对棉花生产的影响、提高防灾减灾能力、科学调整种植结构布局等都具有深远的意义。

围绕我国农业发展的战略需求，应用现代信息技术手段，整合我国主要作物生育期数据，并基于《中国主要农作物生育期图集》和"中国农业气候资源图集"系列图书中的作物生育期资料，依据农业气候资源制图规范，我们编制了本卷图集，为高效利用农业气候资源、合理布局农业生产结构、趋利避害、保障农业可持续发展提供基础数据支撑。

二、资料和数据来源

1. 本卷图集编制的气象数据来源于中国气象局，涵盖全国（除我国香港特别行政区、澳门特别行政区、台湾省和南海诸岛以外）740个气象台（站）30年（1981—2010年）逐日气象资料，包括平均气温、最高气温、最低气温、日照时数等。剔除数据缺测严重的站点和部分高山站点，最终选用了684个气象台（站）的数据作为本卷图集制图的基础数据。

2. 专题地图底图资料来源于标准地图服务系统。

3. 20世纪70—80年代的棉花生育期资料来自崔读昌等收集的全国近2000个县（市、区）的主要品种资料和全国主要作物品种区域试验的生育期资料。21世纪10年代的棉花生育期资料来自我们调研的全国2000多个县（市、区）的资料，并按照时段相对一致、测定方法一致、数据表示方法一致的原则，对棉花生育期及相关数据进行了处理和整编。此外，本卷图集涉及到光温生产潜力、光合生产潜力均为年平均值。

三、资料整编及处理

在收集和整理棉花生育期及相关资料时,首先考虑棉花对环境条件的基本要求,其次考虑棉花生育期指标是否能够反映区域的基本状况,使之有明确的地区代表性。同时,由于种植制度不同,各地茬口繁多,在生育期资料整编时主要考虑正茬作物,棉花主要考虑单作棉花。在绘制各等值线时,除了考虑气候条件,还考虑了棉花生长发育的规律和农业生产的实际情况。

本卷图集涉及的指标包括光温资源指标、水分资源指标和主要气象灾害指标。编者通过系统收集相关文献资料中各制图指标的计算方法,在对各种方法进行比较分析和选择的基础上,最终确定了各制图指标的计算方法及其所需参数,并建立了各制图指标的标准算法和参数集。按照编制本卷图集的标准规范,对已有的数据资料进行了分析、整理,对缺失的相关数据资料进行了补充,围绕作物光温资源指标、水分资源指标和主要气象灾害指标,对纸质资料和图集进行了数字化处理。

四、制图指标说明

1. 光温水指标说明:本图集选取与棉花生产实际关系最密切的19个指标进行制图,具体制图计算方法见表1。

表1 光温水资源制图指标计算方法

制图指标	农业含义	计算方法
生育期太阳总辐射量	评价作物生育期的一个重要光能指标	作物某时段逐日太阳总辐射的累计和
生育期光合有效辐射量	影响作物光合作用的主要因素	作物某时段逐日光合有效辐射的累计和
生育期日照时数	评价地区辐射资源的一个重要指标	作物某个生育时期逐日日照时数累计和
生育期日照百分率	评价地区辐射资源的一个重要指标	作物某时段每日的日照时数之和除以作物某时段每日可照时数之和
生育期≥10℃积温	作物种植界限与作物布局的主要依据	$q = \sum_{n_2}^{n_1} T_i$(n_1为作物生育期≥10℃的起始日期,n_2为作物生育期≥10℃的终止日期;T_i为作物某生育期日平均气温≥10℃的日平均气温值)

续表

制图指标	农业含义	计算方法
生育期≥15℃积温	作物种植界限与作物布局的主要依据	$q = \sum_{n_2}^{n_1} T_i$（n_1为作物生育期≥15℃的起始日期，n_2为作物生育期≥15℃的终止日期；T_i为作物某生育期日平均气温≥15℃的日平均气温值）
生育期≥20℃积温	作物种植界限与作物布局的主要依据	$q = \sum_{n_2}^{n_1} T_i$（n_1为作物生育期≥20℃的起始日期，n_2为作物生育期≥20℃的终止日期；T_i为作物某生育期日平均气温≥20℃的日平均气温值）
生育期平均气温	作物种植制度等的主要参考数据	作物生育期内日平均气温均值
生育期极端最高气温	作物种植界限的主要参考依据	作物生育期内日平均极端最低气温均值
生育期极端最低气温	作物种植界限的主要参考依据	作物生育期内日平均极端最低气温均值
光合生产潜力	特定作物在水、肥、热等因素均处于最佳状态时，由太阳辐射所决定的产量水平	联合国粮食与农业组织（FAO）推荐的农业生态区（AEZ）方法
光温生产潜力	作物在水肥条件处于最适状态时，由光温因素组合所决定的产量水平，反映了在最高投入水平下，特定作物在一个地区灌溉农田可能达到的产量上限	FAO-AEZ方法
生育期降水量	作物生育期内总降水量，反映生育阶段主要水分收入的多少	生育期内逐日降水量求和
各生育阶段降水量	作物不同生育阶段内降水量，反映不同生育阶段主要水分收入的多少	不同生育阶段内逐日降水量求和
生育期需水量	作物生育期需水量，反映作物最大水分支出	生育期内作物系数与日参考作物蒸散量乘积求和
生育期降水盈亏量	作物生育期降水量与需水量的差值，反映降水与最大潜在水分支出的平衡关系	降水量减需水量
75%降水保证率下生育期降水量	4年三遇条件下作物生长季降水量	绘制降水保证率曲线图，查出对应的75%降水保证率的降水量
75%降水保证率下生育期需水量	4年三遇条件下作物生长季需水量	绘制需水量保证率曲线图，查出对应的75%降水保证率的需水量
75%降水保证率下降水盈亏量	4年三遇条件下降水量与需水量的差值	75%降水保证率下作物生长季降水量减作物生长季（各生育阶段）需水量

2. 灾害指标类型说明：本卷图集中主要针对棉花全生育期主要的生物和非生物病虫发生的气象条件指标进行制图，具体指标和制图依据见表2。

表2 棉花主要灾害指标说明

灾害种类	生育期	指标	依据
棉花枯萎病发生	全生育期	日平均温度20～28℃的雨日数	中国农业科学院植物保护研究所,1995.中国农作物病虫害（下册）[M].北京：中国农业出版社,19-27.
棉花黄萎病发生		日平均温度22～27℃且日平均相对湿度＞80%的日数	马存,简桂良,邹勇,等,1997.荆州棉区棉花黄萎病发生与气象因子关系的研究[J].植物保护,23(1):30-32. 谭联望,1994.北方棉区棉花黄萎病暴发原因及治理对策[J].中国棉花,21(7):2-4. 中国农业科学院植物保护研究所,1995.中国农作物病虫害（下册）[M].北京：中国农业出版社,27-33.
棉铃虫发生		日平均温度25～30℃的无雨日数	华尧楠,王厚振,肖云丽,1996.气象因素对棉铃虫种群数量变动的影响[J].中国农业气象,17(1):38-40. 李云瑞,2006.农业昆虫学[M].北京：高等教育出版社,192-196. 中国农业科学院植物保护研究所,1995.中国农作物病虫害（下册）[M].北京：中国农业出版社,72-80.

五、图集的应用

本卷图集精选影响棉花生长发育的主要光温资源指标、水分资源指标和主要气象灾害指标，编制、收录棉花气候资源图幅71幅，系统全面地反映了不同年代棉花的生育期变化特征，以及我国1981—2010年30年来棉花光温资源、水分资源和主要气象灾害的时空分布特征及变化趋势。

根据生育期图，读者可以直接或间接查找各地棉花生育期的日期，查看过去30年来我国棉花生育期的变化情况。根据本卷图集给出的两个时段的棉花全生育期和各生育期空间分布，可以了解现有棉花与气候条件的配套情况，确定各地区需要的棉花品种或品种特性，为合理利用作物品种资源提供依据。同时，根据本卷图集给出的光温、水分和气象灾害要素空间分布，可以了解现有棉花生长环境与气候资源的匹配状况，为合理利用农业气候资源提供依据，为农业生产高产、高效、可持续发展和科学制定农业生产决策提供理论指导。

目 录

| 概 述 | 001 |

1 棉花关键生育期　003

20世纪80年代棉花播种期	005
21世纪10年代棉花播种期	006
20世纪80年代棉花现蕾期	007
21世纪10年代棉花现蕾期	008
20世纪80年代棉花开花期	009
21世纪10年代棉花开花期	010
20世纪80年代棉花吐絮期	011
21世纪10年代棉花吐絮期	012

2 棉花全生育期光温水资源　013

棉花播种期—成熟期太阳总辐射量	016
棉花播种期—成熟期光合有效辐射量	017
棉花播种期—成熟期日照时数	018

棉花播种期—成熟期日照百分率	019
棉花播种期—成熟期≥10℃积温	020
棉花播种期—成熟期≥15℃积温	021
棉花播种期—成熟期≥20℃积温	022
棉花播种期—成熟期平均气温	023
棉花播种期—成熟期极端最高气温	024
棉花播种期—成熟期极端最低气温	025
棉花播种期—成熟期光合生产潜力	026
棉花播种期—成熟期光温生产潜力	027
棉花播种期—成熟期降水量	028
棉花播种期—成熟期需水量	029
棉花播种期—成熟期降水盈亏量	030
75％降水保证率棉花播种期—成熟期降水量	031
75％降水保证率棉花播种期—成熟期需水量	032
75％降水保证率棉花播种期—成熟期降水盈亏量	033

3 | 棉花播种期—现蕾期光温水资源　　035

21世纪10年代棉花播种期—现蕾期日数	037
棉花播种期—现蕾期太阳总辐射量	038
棉花播种期—现蕾期光合有效辐射量	039
棉花播种期—现蕾期日照时数	040
棉花播种期—现蕾期日照百分率	041
棉花播种期—现蕾期≥10℃积温	042
棉花播种期—现蕾期≥15℃积温	043
棉花播种期—现蕾期≥20℃积温	044
棉花播种期—现蕾期平均气温	045
棉花播种期—现蕾期极端最高气温	046
棉花播种期—现蕾期极端最低气温	047
棉花播种期—现蕾期降水量	048
棉花播种期—现蕾期需水量	049

棉花播种期—现蕾期降水盈亏量　　　　050

4 | 棉花现蕾期—开花期光温水资源　　　　051

21世纪10年代棉花现蕾期—开花期日数　　　　054
棉花现蕾期—开花期太阳总辐射量　　　　055
棉花现蕾期—开花期光合有效辐射量　　　　056
棉花现蕾期—开花期日照时数　　　　057
棉花现蕾期—开花期日照百分率　　　　058
棉花现蕾期—开花期≥10℃积温　　　　059
棉花现蕾期—开花期≥15℃积温　　　　060
棉花现蕾期—开花期≥20℃积温　　　　061
棉花现蕾期—开花期平均气温　　　　062
棉花现蕾期—开花期极端最高气温　　　　063
棉花现蕾期—开花期极端最低气温　　　　064
棉花现蕾期—开花期降水量　　　　065
棉花现蕾期—开花期需水量　　　　066
棉花现蕾期—开花期降水盈亏量　　　　067

5 | 棉花开花期—吐絮期光温水资源　　　　069

21世纪10年代棉花开花期—吐絮期日数　　　　072
棉花开花期—吐絮期太阳总辐射量　　　　073
棉花开花期—吐絮期光合有效辐射量　　　　074
棉花开花期—吐絮期日照时数　　　　075
棉花开花期—吐絮期日照百分率　　　　076
棉花开花期—吐絮期≥10℃积温　　　　077
棉花开花期—吐絮期≥15℃积温　　　　078
棉花开花期—吐絮期≥20℃积温　　　　079
棉花开花期—吐絮期平均气温　　　　080

棉花开花期—吐絮期极端最高气温	081
棉花开花期—吐絮期极端最低气温	082
棉花开花期—吐絮期降水量	083
棉花开花期—吐絮期需水量	084
棉花开花期—吐絮期降水盈亏量	085

6 | 棉花主要灾害   087

棉花枯萎病发生气象条件分布	089
棉花黄萎病发生气象条件分布	090
棉花棉铃虫发生气象条件分布	091

参考文献   093

概 述

中国棉花基本上分布在北纬18°～46°、东经76°～124°地区。随着棉花生产布局的调整，棉花种植由分散区域向优势区域集中，形成西北内陆、黄河流域和长江流域三大棉花主产区。据中华人民共和国国家统计局数据（http://data.stats.gov.cn/easyquery.htm?cn=C01）显示，1980年和2010年棉花播种面积分别约为4920 hm^2和4849 hm^2。西北内陆棉区主要包括新疆棉区和甘肃河西走廊棉区，是20世纪80年代后逐渐形成的主要产区，属于一年一熟的灌溉棉区。黄河流域棉区包括河北的长城以南地区、山东、河南（不包括南阳、信阳）、山西南部、陕西关中，以及江苏和安徽两省的淮河以北地区，棉花种植以单作或与小麦等作物套种为主。长江流域棉区包括四川盆地的浅山丘陵岗地、洞庭湖平原、江汉平原、鄱阳湖平原、南襄盆地和滨海地区，一般粮（油）棉一年两熟，以移栽棉为主。

气候变化、品种更新、植棉技术水平等诸多因素都会影响棉花生育期及生育期内光、温、水、热等气候资源的有效利用。应用本卷图集指导棉花生产活动时，应充分考虑当地气候条件、品种特性和种植技术，选择最适宜的播种时期，合理避开霜期，从而促进棉花稳产和增产。

棉花关键生育期

1

在气候变化背景下，比较分析20世纪80年代和21世纪10年代棉花生育期的变化，整体上生育期呈现延长的变化趋势。对于播种时间，相比20世纪80年代，21世纪10年代三大棉区的棉花播种期都有不同程度的提前，尤其在西北内陆棉区，由于地膜覆盖技术的应用，播种期提前15 d左右，黄河流域棉区和长江流域棉区也普遍提前5～10 d。之后的现蕾期和开花期均有不同程度的提前，结铃吐絮时间延长。西北内陆棉区、黄河流域棉区和长江流域棉区棉花现蕾期由6月1日持续到6月26日。与20世纪80年代相比，21世纪10年代西北内陆棉区棉花现蕾期提前5～15 d，黄河流域棉区和长江流域棉区也提前5～10 d；三大棉区的棉花开花期提前5～7 d。对于吐絮期，21世纪10年代在新疆、甘肃西北部和秦岭—淮河以南地区，棉花吐絮期较20世纪80年代普遍推迟5～10 d，而在秦岭—淮河以北地区，棉花吐絮期时长变化较小。

棉花生育期的长短，除了主要由品种的遗传特性决定，气候条件的变化、栽培措施的调整等也综合影响我国棉花的生育期。如针对西北内陆棉区无霜期短、热量资源相对不足的气候特点，采取一系列"促早"措施，包括适期早播、合理密植和地膜覆盖等栽培措施，可加快棉花生育进程，充分利用有利气候资源，使棉花开花结铃期与当地高温富照期高度吻合，避开不利自然条件，实现"4月苗、5月蕾、6月花、7月铃，北疆8月絮、南疆9月絮"的生育进程要求。需要注意的是，棉花生育期的变化可能会造成花期对高温、干旱和涝害等较为敏感的水分临界期发生变化，增加棉花生产中的不确定性，未来应加强应对灾害风险的能力。

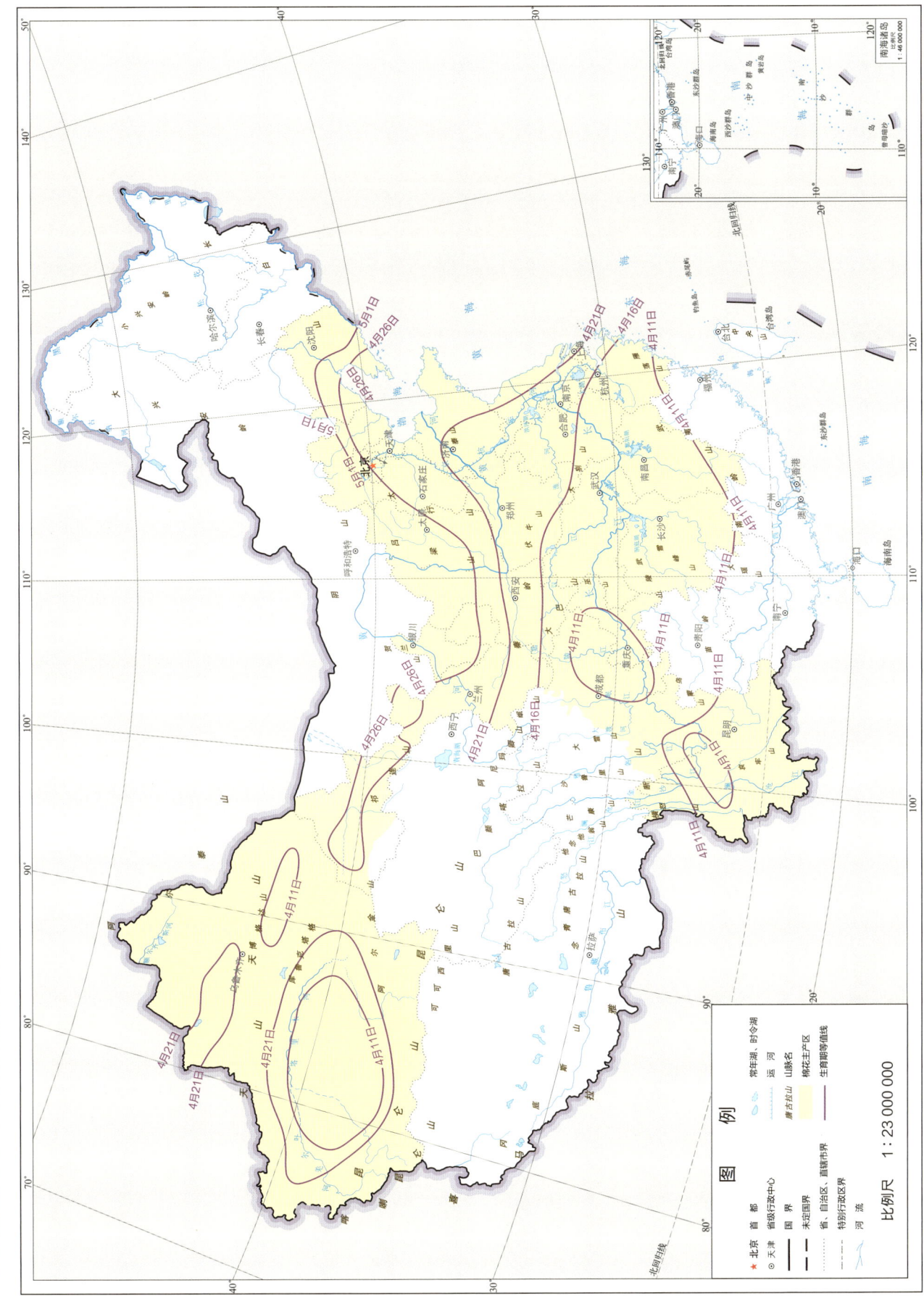

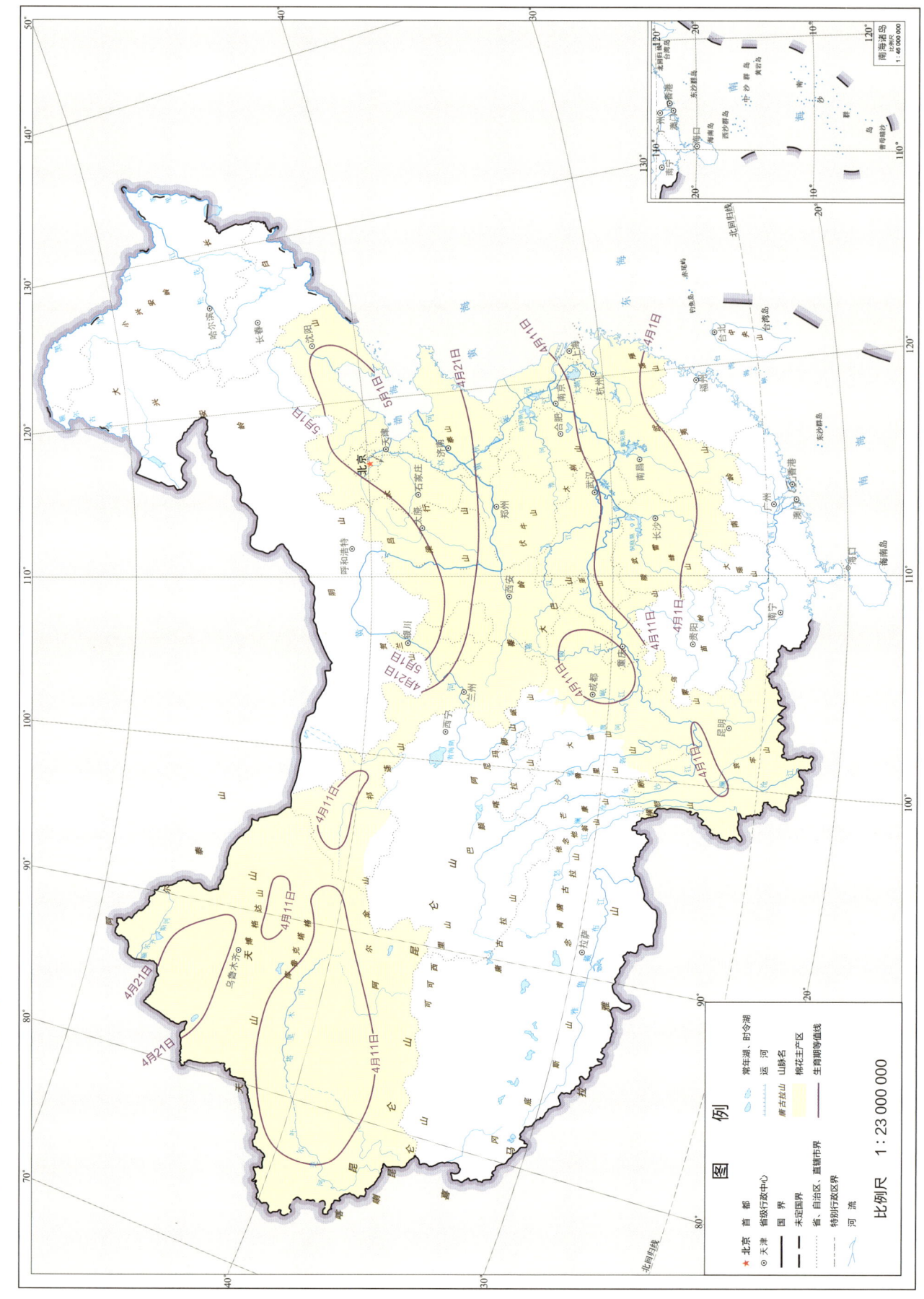

21世纪10年代棉花播种期

20世纪80年代棉花现蕾期

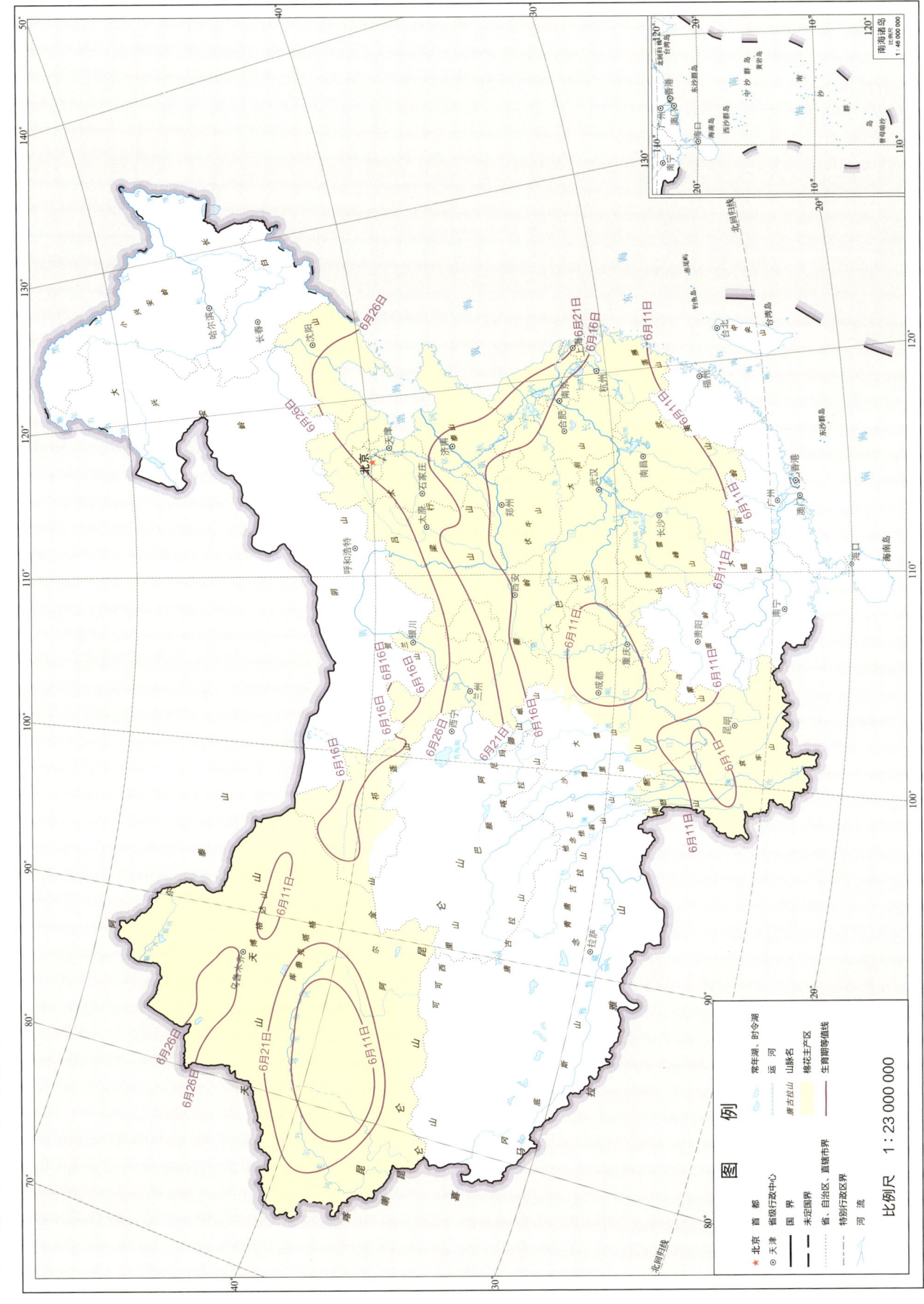

1 棉花关键生育期

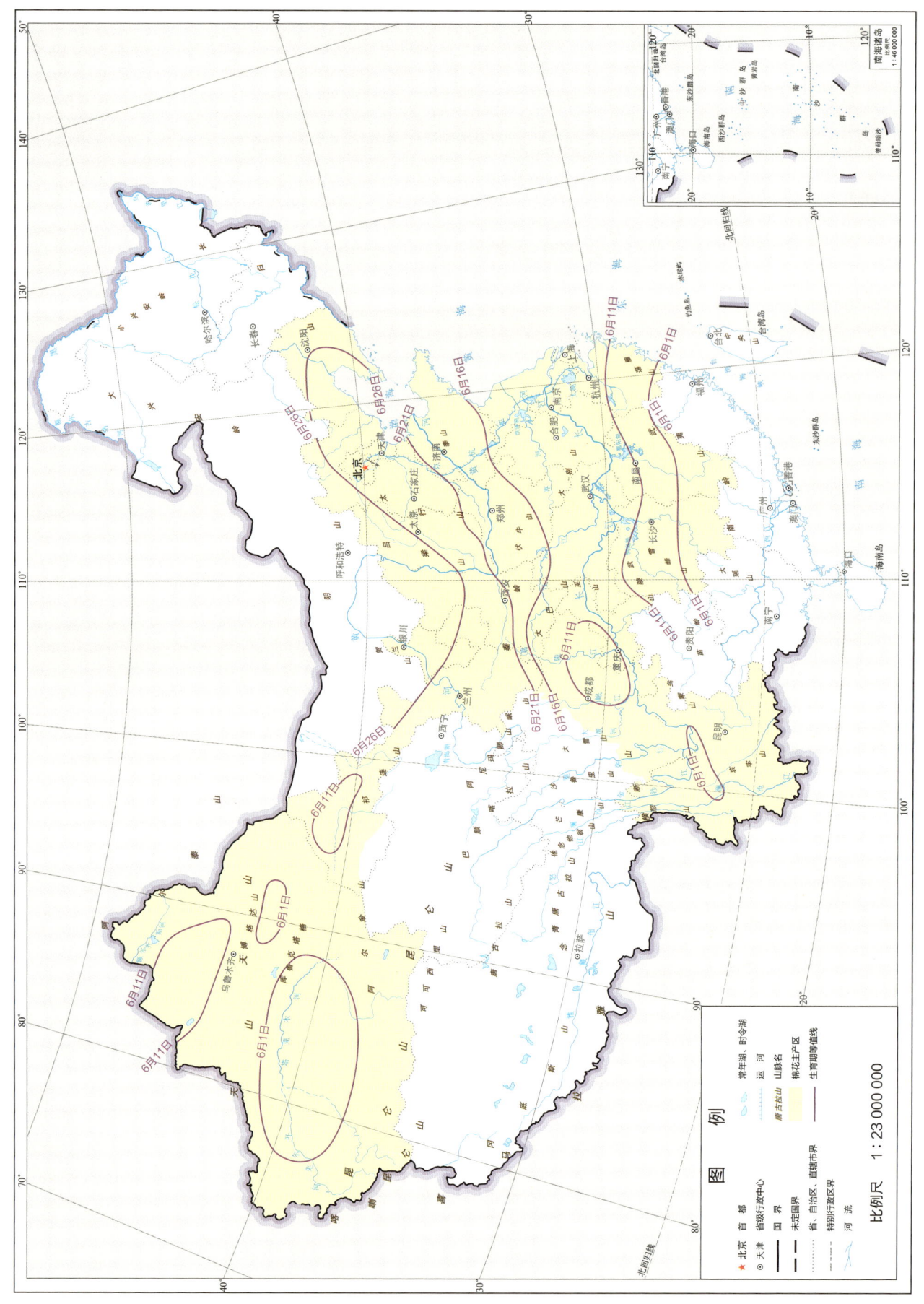

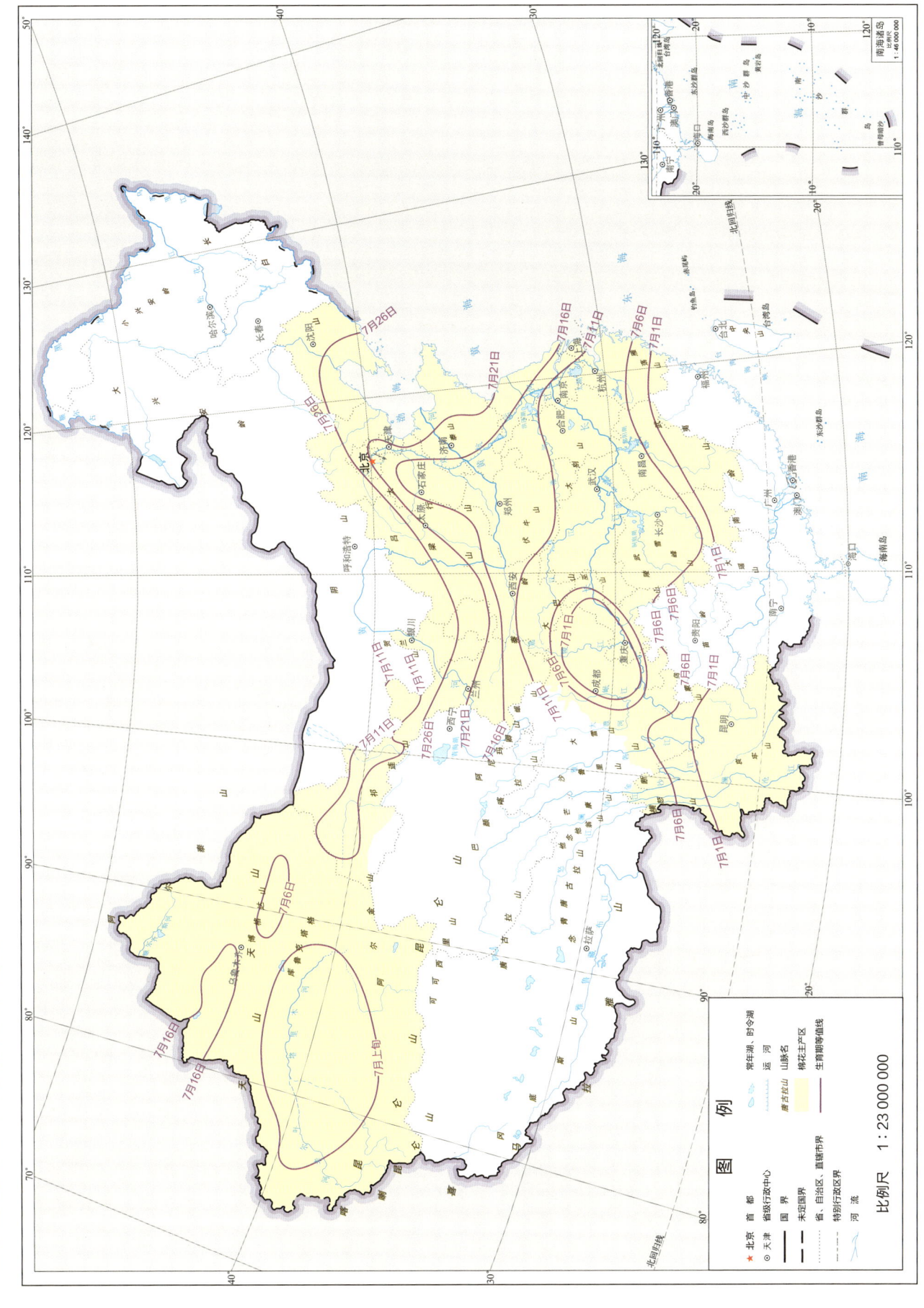

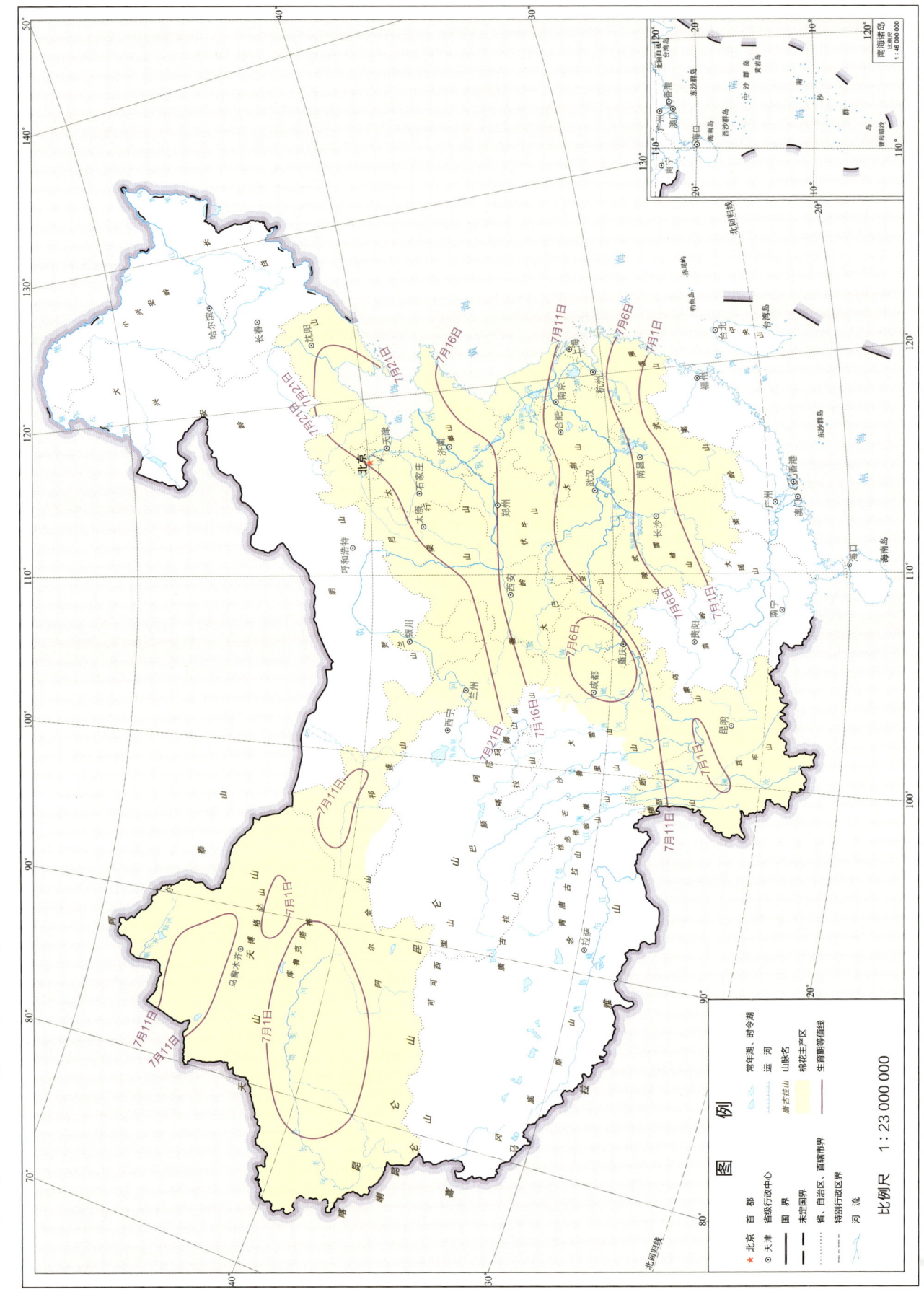

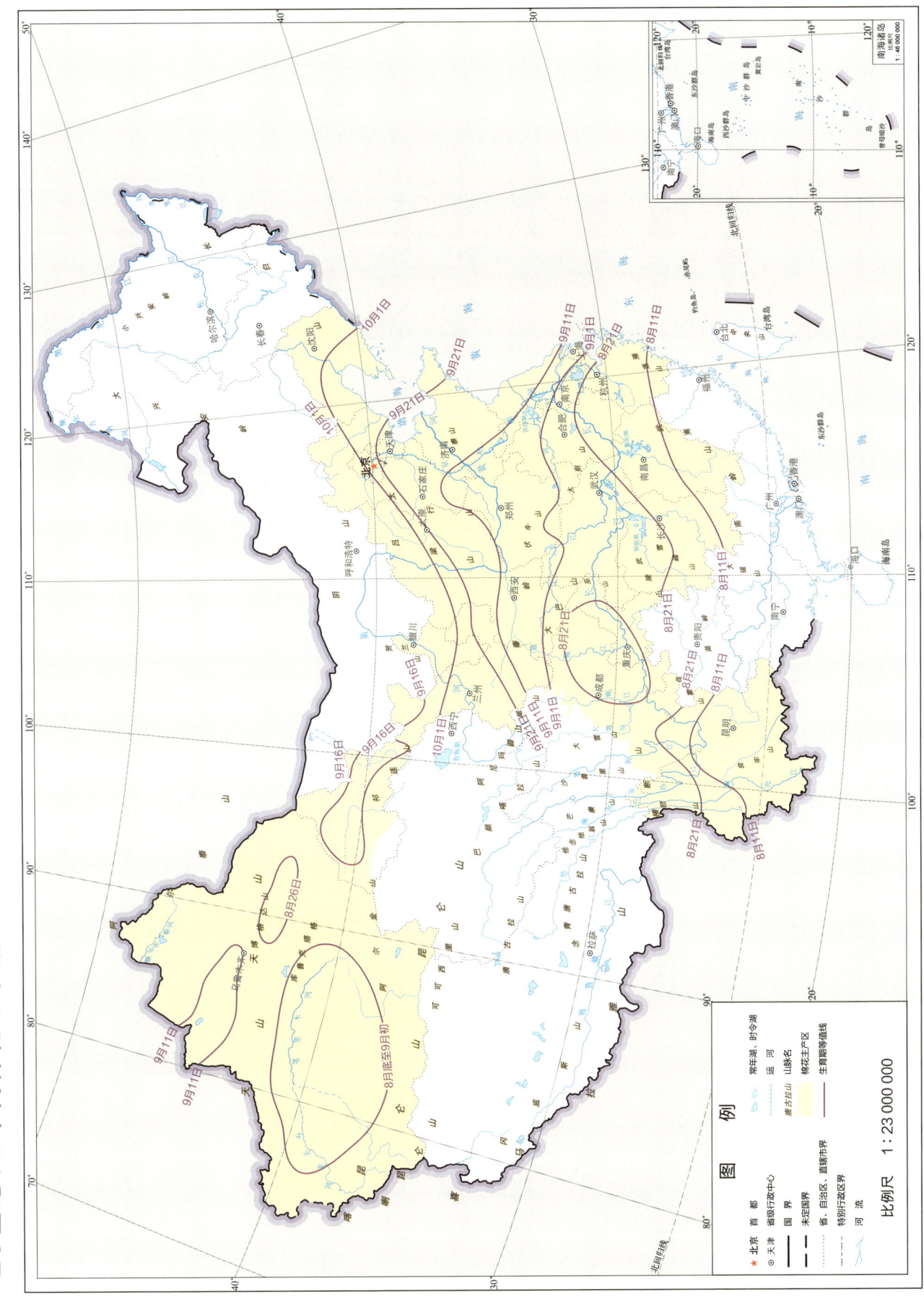

20世纪80年代棉花吐絮期

1 棉花关键生育期

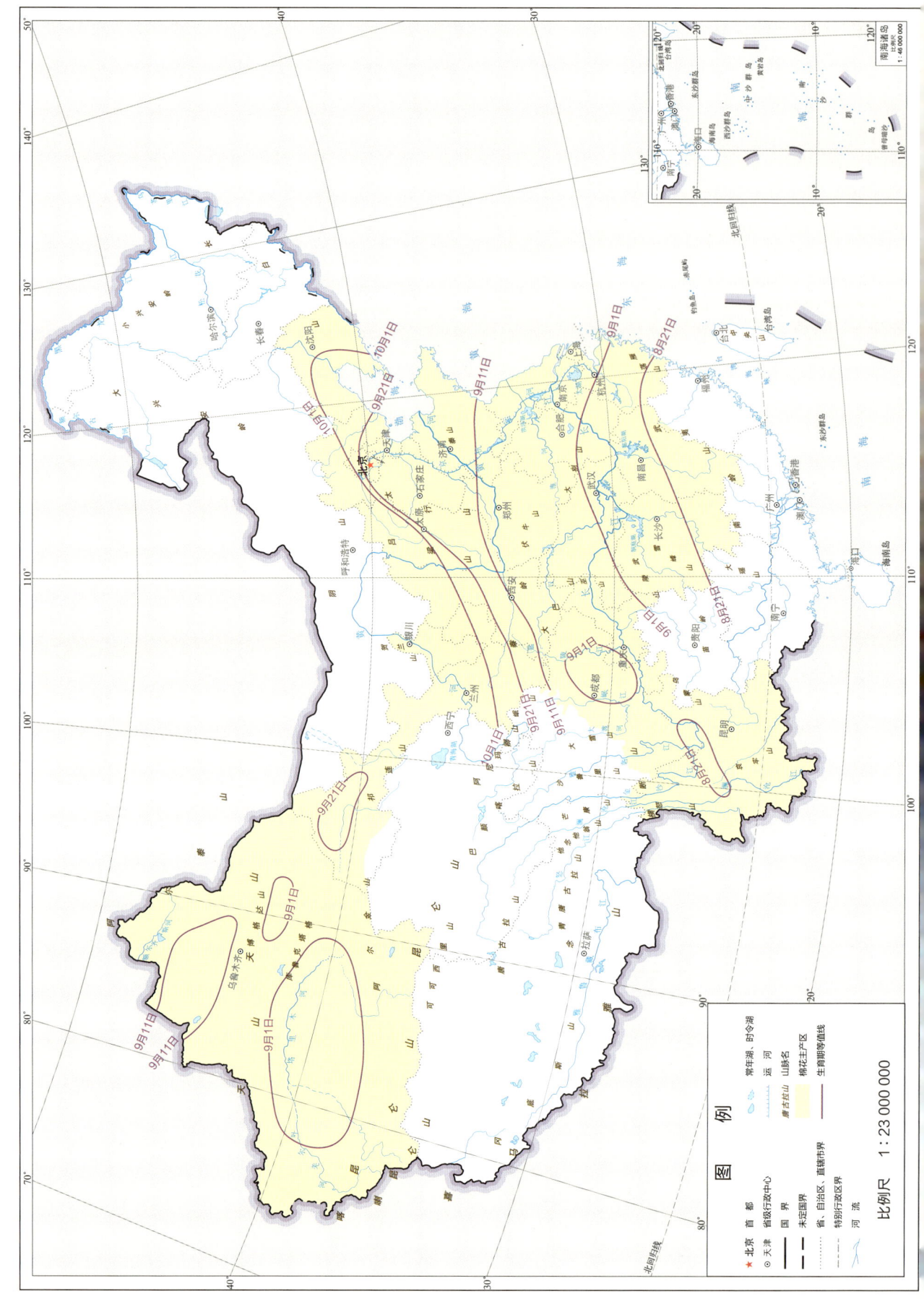

21世纪10年代棉花吐絮期

棉花全生育期光温水资源

2

棉花属于喜温好光作物，其生长发育是在一定的温度和光照条件下完成的，充足有效的光热资源是实现棉花高产优质的环境条件。棉花各生长阶段要求的最低温度、最高温度和适宜温度，以及活动积温完全不同。棉花生长的适宜温度为20～30 ℃，光合作用的最适温度为28 ℃。充足的太阳辐射是棉花高产优质的基础，光照和日照长度对棉花生长发育也有着重要影响。西北内陆棉区光照充足，全生育期的太阳总辐射量为3000～3600 MJ/m^2，比长江流域棉区和黄河流域棉区高1200～1500 MJ/m^2，自西向东呈现逐渐递减的变化趋势；长江流域棉区全生育期太阳总辐射量最低，自南向北由＜1800 MJ/m^{2}增加至＞2100 MJ/m^2；黄河流域棉区太阳总辐射量为2400～3000 MJ/m^2，自南向北呈现逐渐递增的变化趋势。一般适宜棉花种植的区域全年日照时数大体＞2000 h，年均日照率＞40%。中国三大棉花主产区的棉花全生育期日照时数变化范围由＜600 h增加至1600 h，其中西北内陆棉区日照时数最多，4—9月日照时数＞1200 h，日照百分率为60%～70%；长江流域棉区春末夏初梅雨多，秋季常出现连阴雨，其全生育期日照时数最低，为600～800 h，日照百分率为30%～50%；黄河流域棉区日照时数和百分率要高于长江流域棉区，全生育期日照时数和日照百分率分别为800～1200 h和40%～60%。

气温高低、积温多少，与棉苗生长速度、生育进程、棉铃发育，乃至产量和品质都密切相关。棉花生育期需要≥15 ℃积温在3500～4500 ℃·d，因栽培品种而异。整体上，我国棉花主产区全生育期≥20 ℃积温在1000～3200 ℃·d。不同棉区的热量条件差别较大，通过选择不同熟性品种与采用地膜覆盖、育苗移栽等措施相配合的方式，可充分利用有限的热量资源。长江流域棉区热量丰富、水热同步，能满足棉花生长的水热需求，全生育期≥20 ℃积温在1400～3200 ℃·d，自西向东呈现逐渐递增的变化趋势；黄河流域棉区热量充足，无霜期适宜，全生育期≥20 ℃积温在1400～3000 ℃·d；西北内陆棉区热量相对不足，全生育期≥20 ℃积温在1000～3000 ℃·d，但气温日较差大，高温富照重叠期长，有利于加速棉花干物质积累。依据我国不同棉区光照条件差别，其光合生产潜力出现分级，西北内陆棉区全生育期光合生产潜力最高，变幅为56000～60000 kg/hm^2；长江流域棉区的光合生产潜力最低，为44000～48000 kg/hm^2；黄河流域棉区为48000～56000 kg/hm^2。

我国产棉区降雨资源在空间和季节上分布不均，棉花全生育期降水量变幅为＜160 mm增加到＞1280 mm。其中，西北内陆棉区降水量最少，为160 mm左右；黄河流域棉区和长江流域棉区降水量大致从北到南呈现逐渐递增的变化趋势，为320～1280 mm。受土壤水分条件的影响，作物的实际耗水量与需水量不同，一般棉花全生育期耗水量为300 mm，高产棉花的耗水量需满足450～600 mm。

在棉花生产中，如何根据光、温、水等气候资源情况进行合理调控是获得高产的前提，如在西北内陆棉区，选择熟性对路的品种，采取干播湿出、合理密植、地膜覆盖、水肥一体化等技术，在早发早熟、用好积温的基础上，塑造合理群体，充分利用棉花生长期间的光热资源，提高水肥利用效率，实现高产优质。

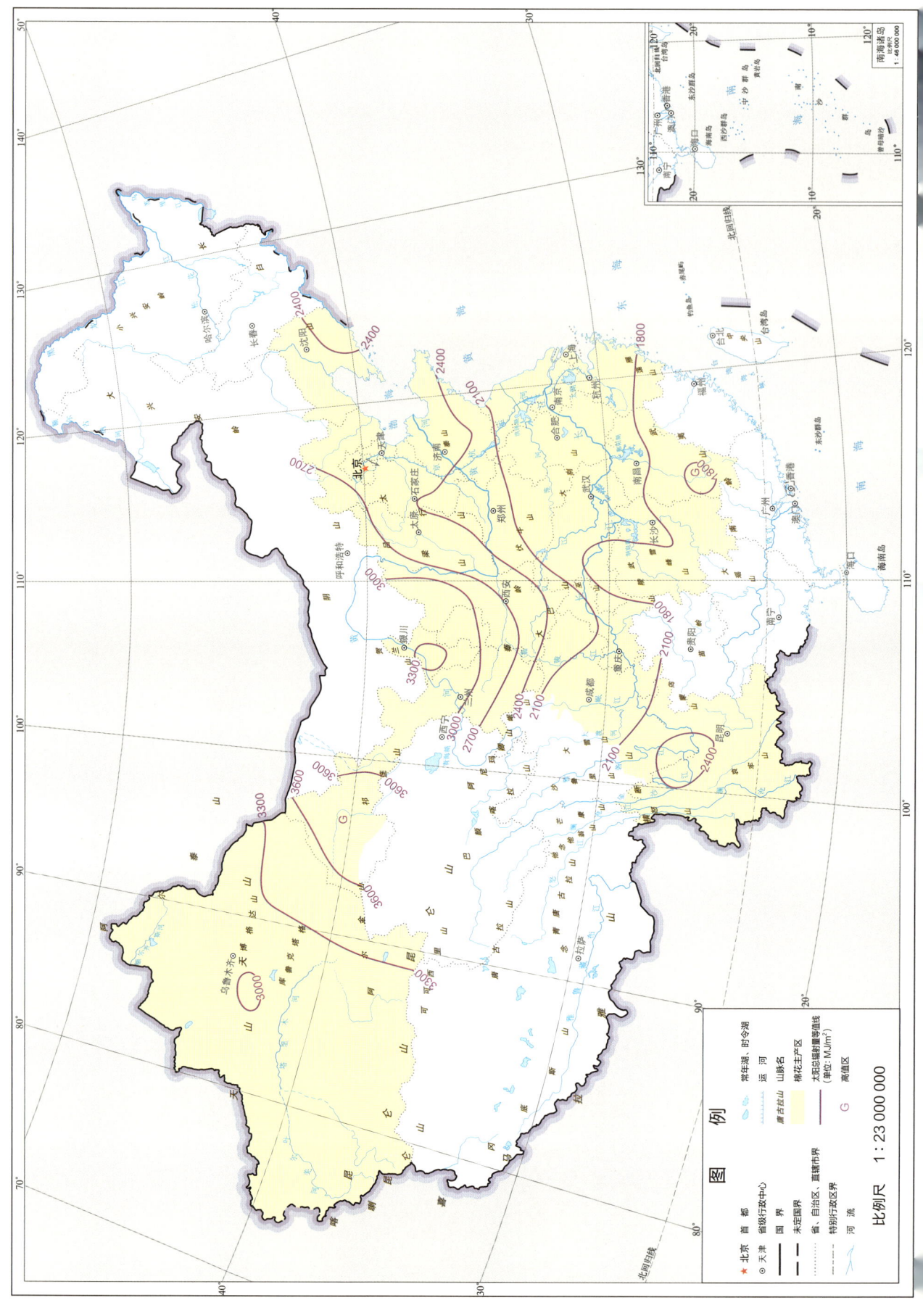

棉花播种期—成熟期太阳总辐射量

棉花播种期—成熟期光合有效辐射量

2 棉花全生育期光温水资源

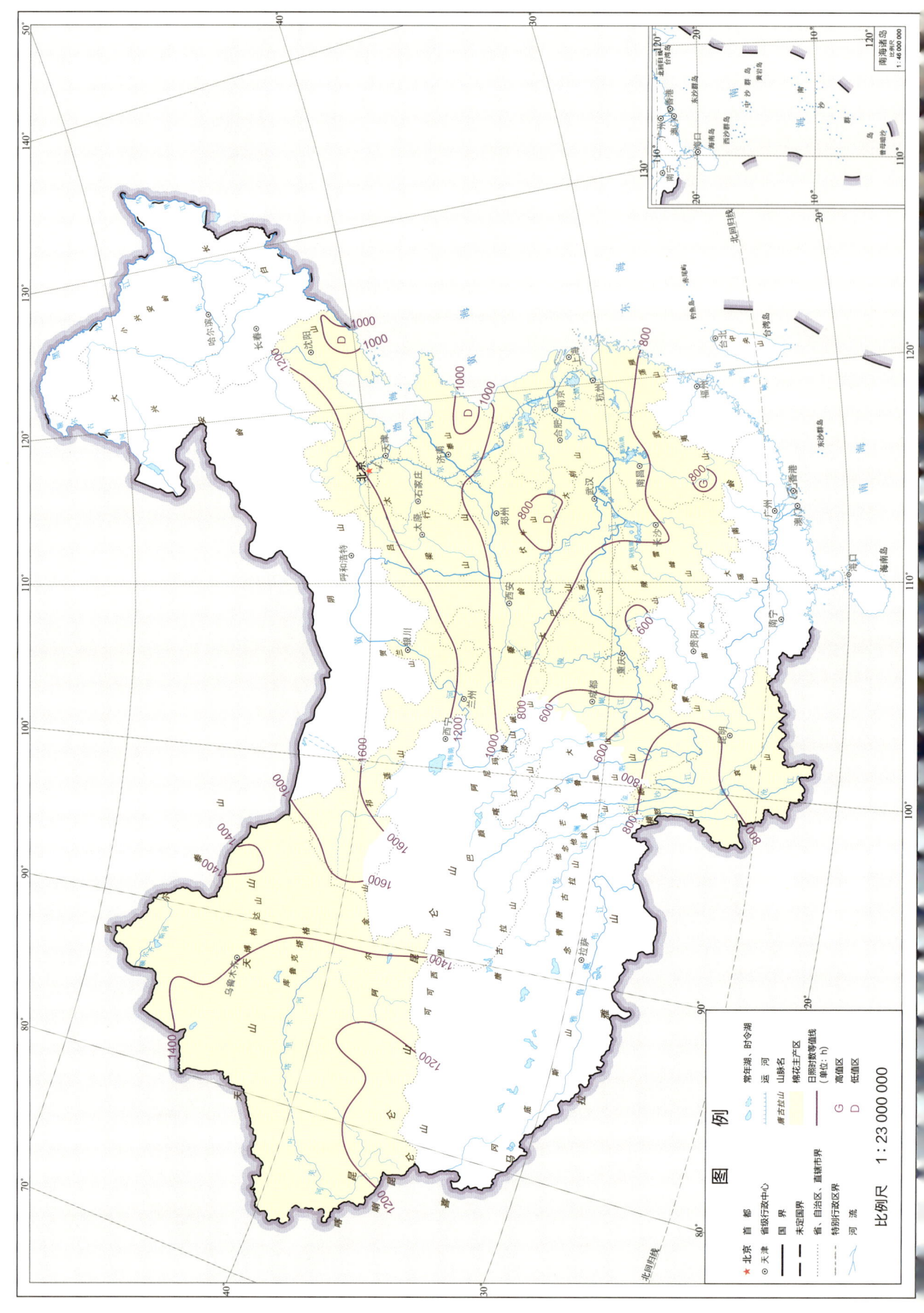
棉花播种期—成熟期日照时数

棉花播种期—成熟期日照百分率

2 棉花全生育期光温水资源

棉花播种期—成熟期 ≥10℃积温

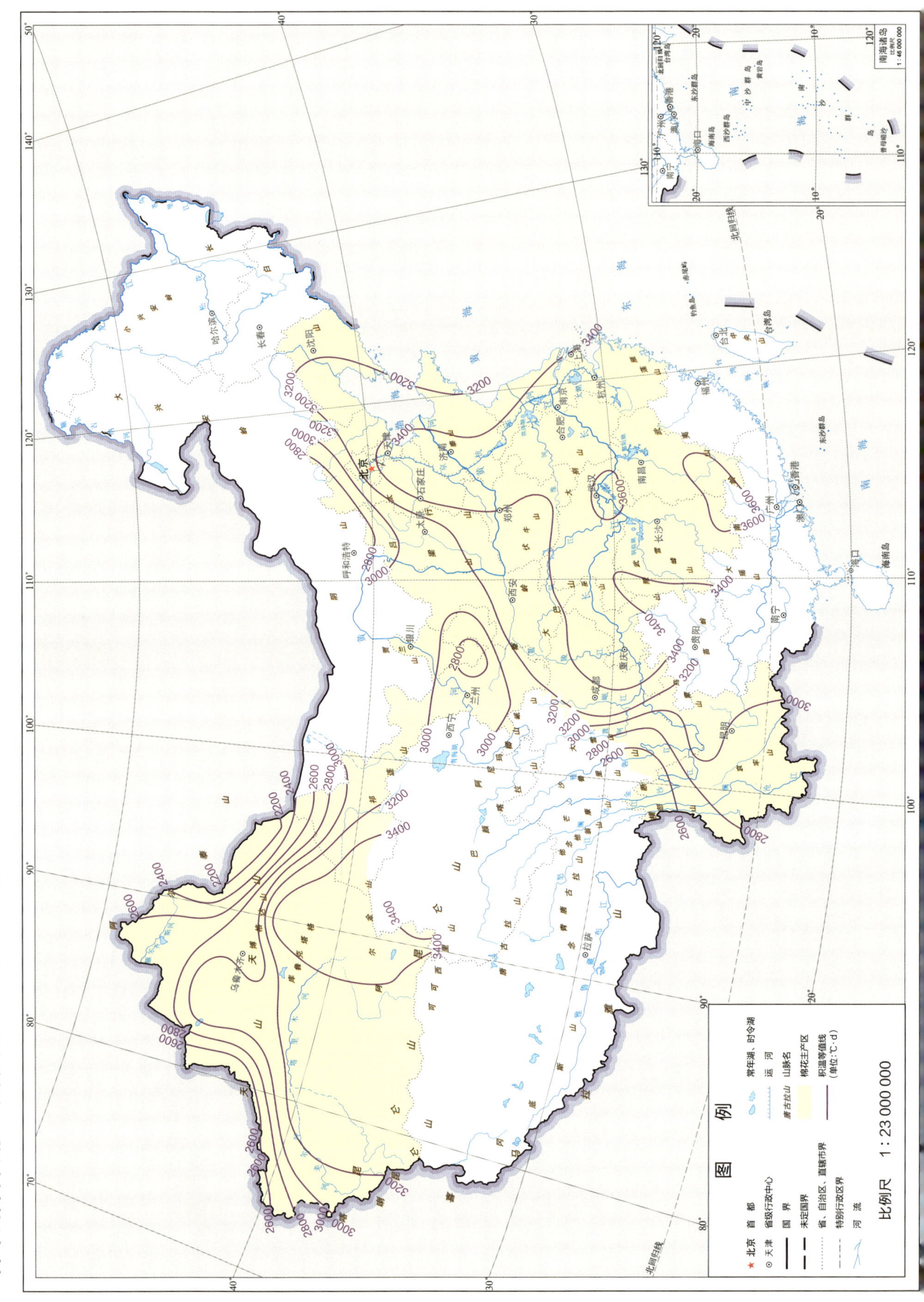

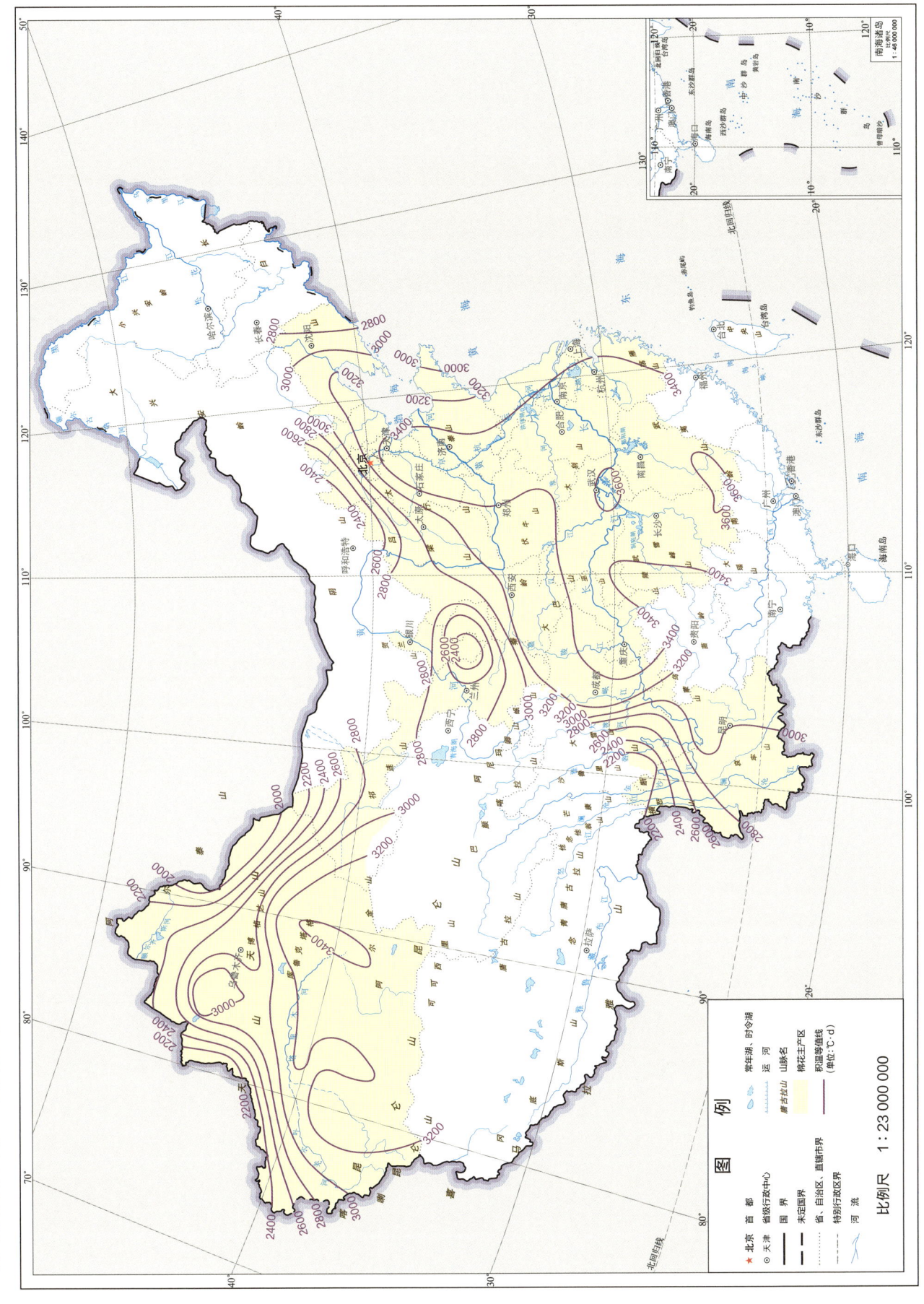

棉花播种期—成熟期≥20℃积温

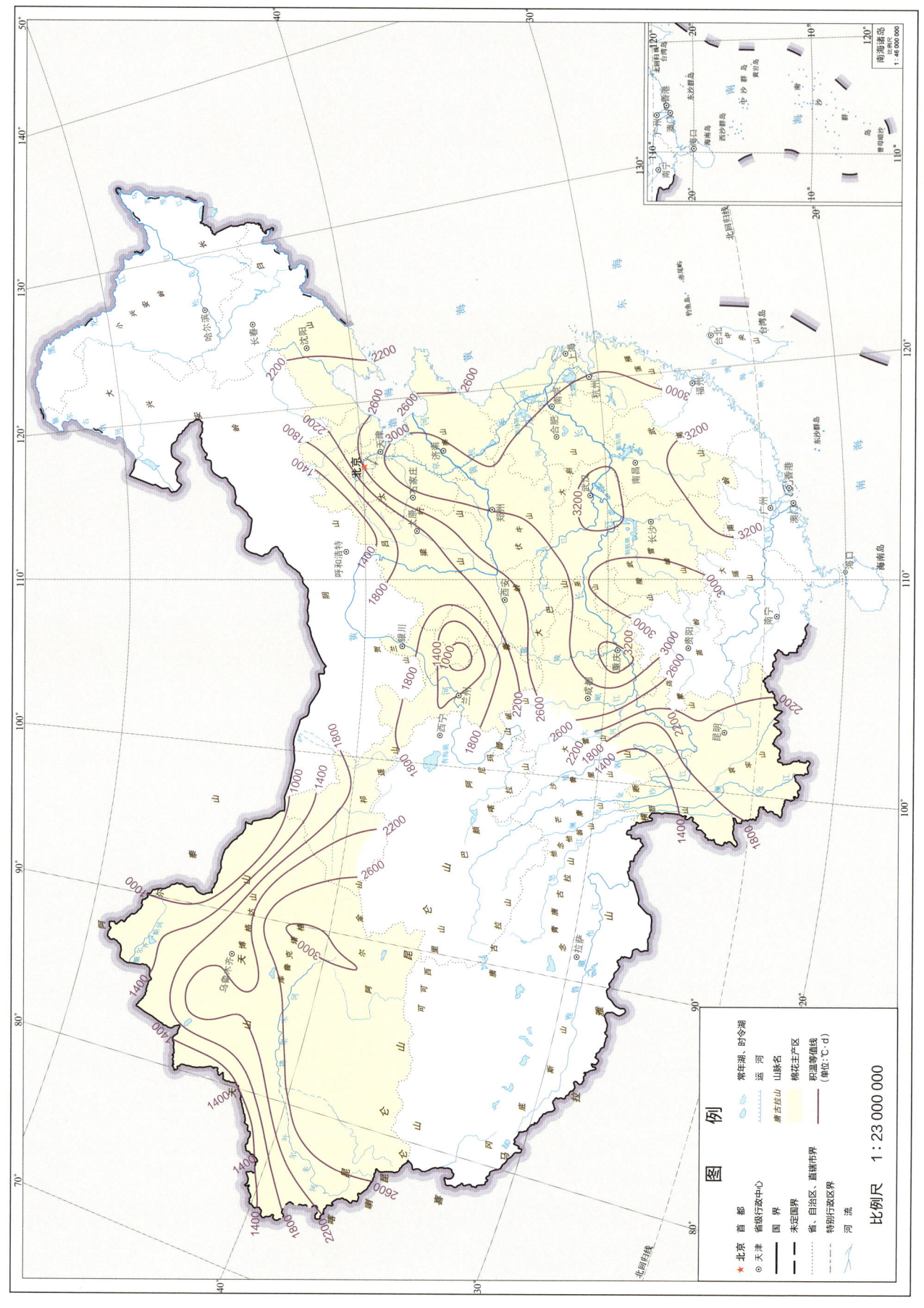

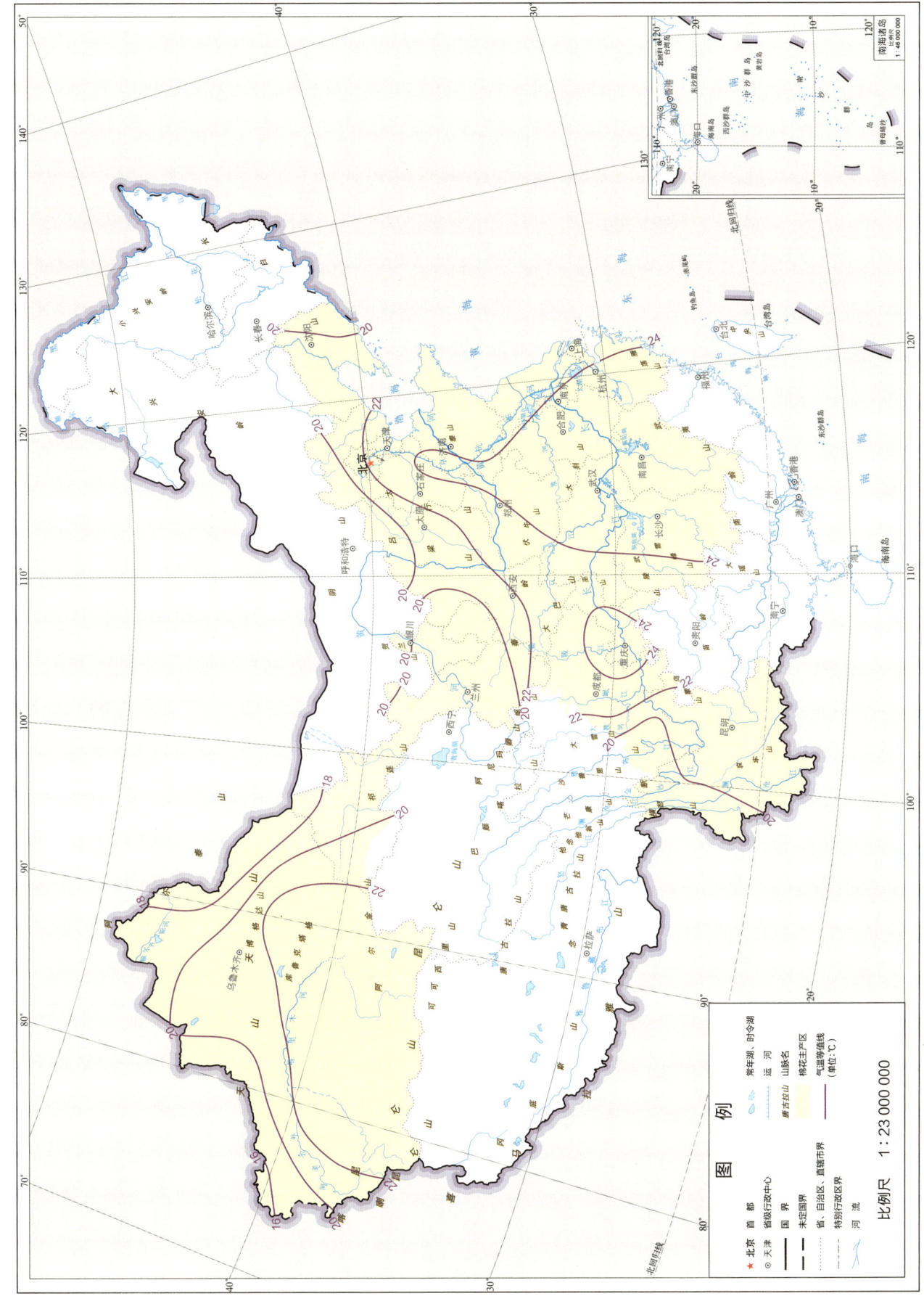

棉花播种期—成熟期极端最高气温

棉花播种期—成熟期极端最低气温

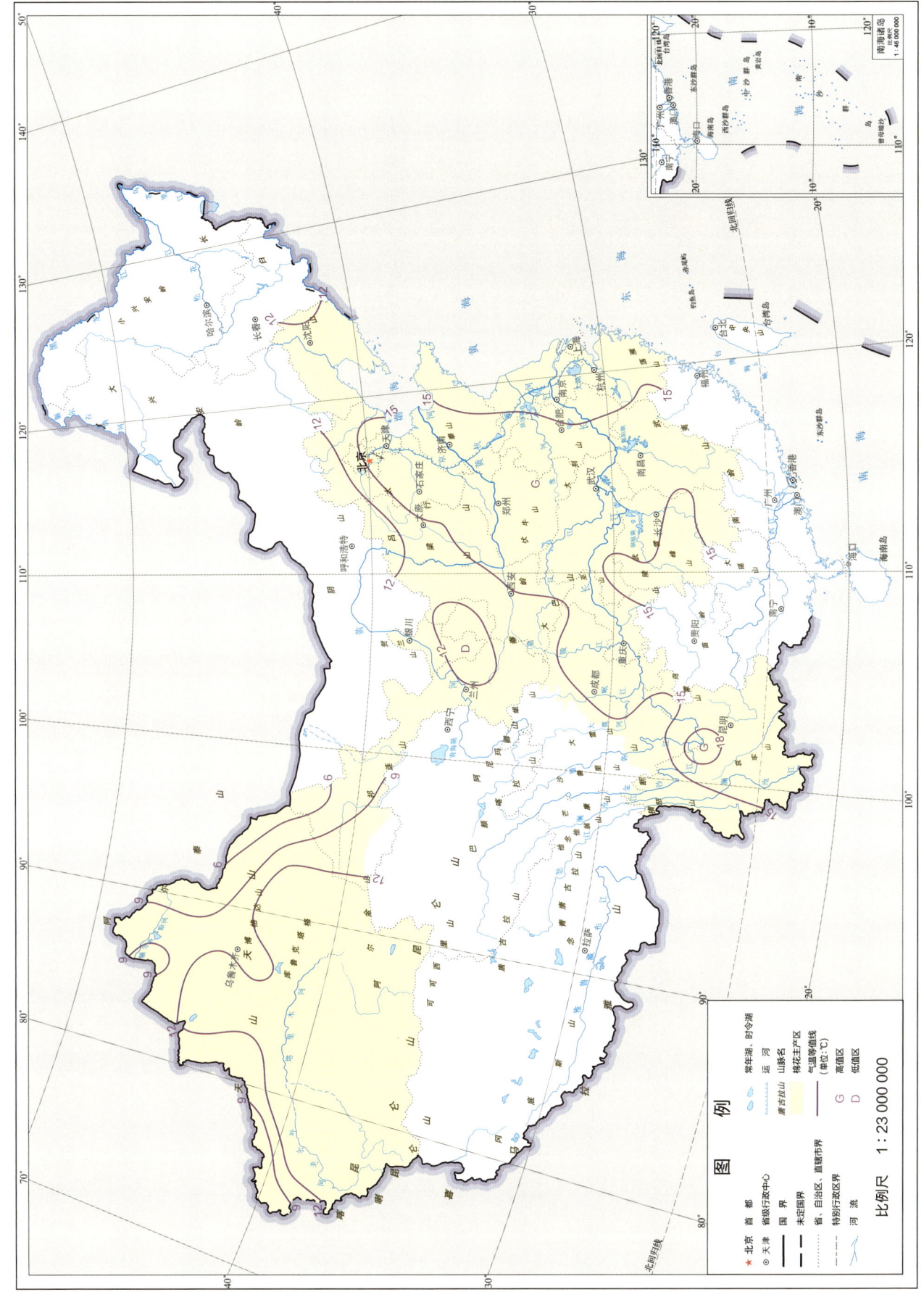

2 棉花全生育期光温水资源

棉花播种期—成熟期光合生产潜力

棉花播种期—成熟期光温生产潜力

棉花播种期—成熟期降水量

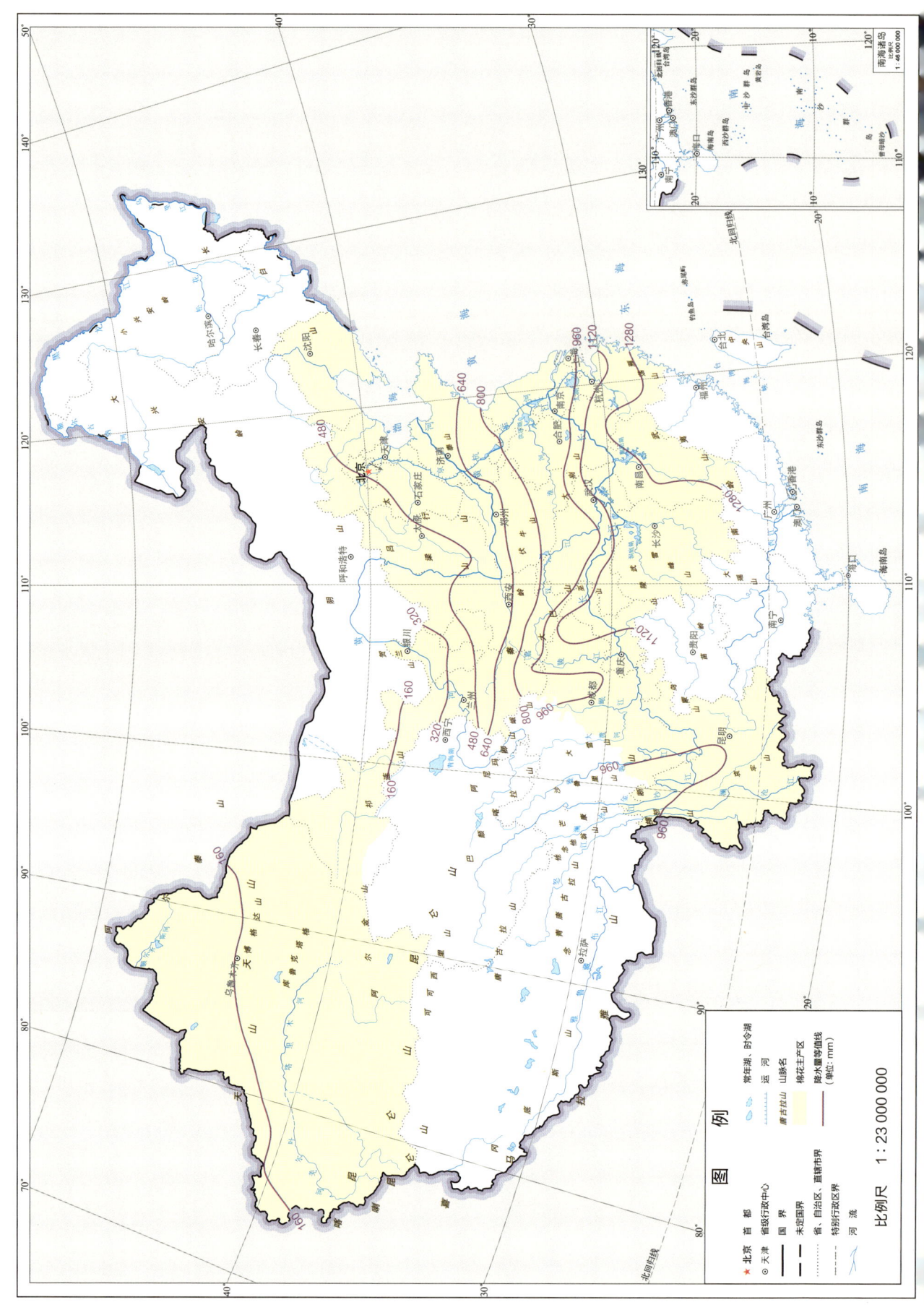

棉花播种期—成熟期需水量

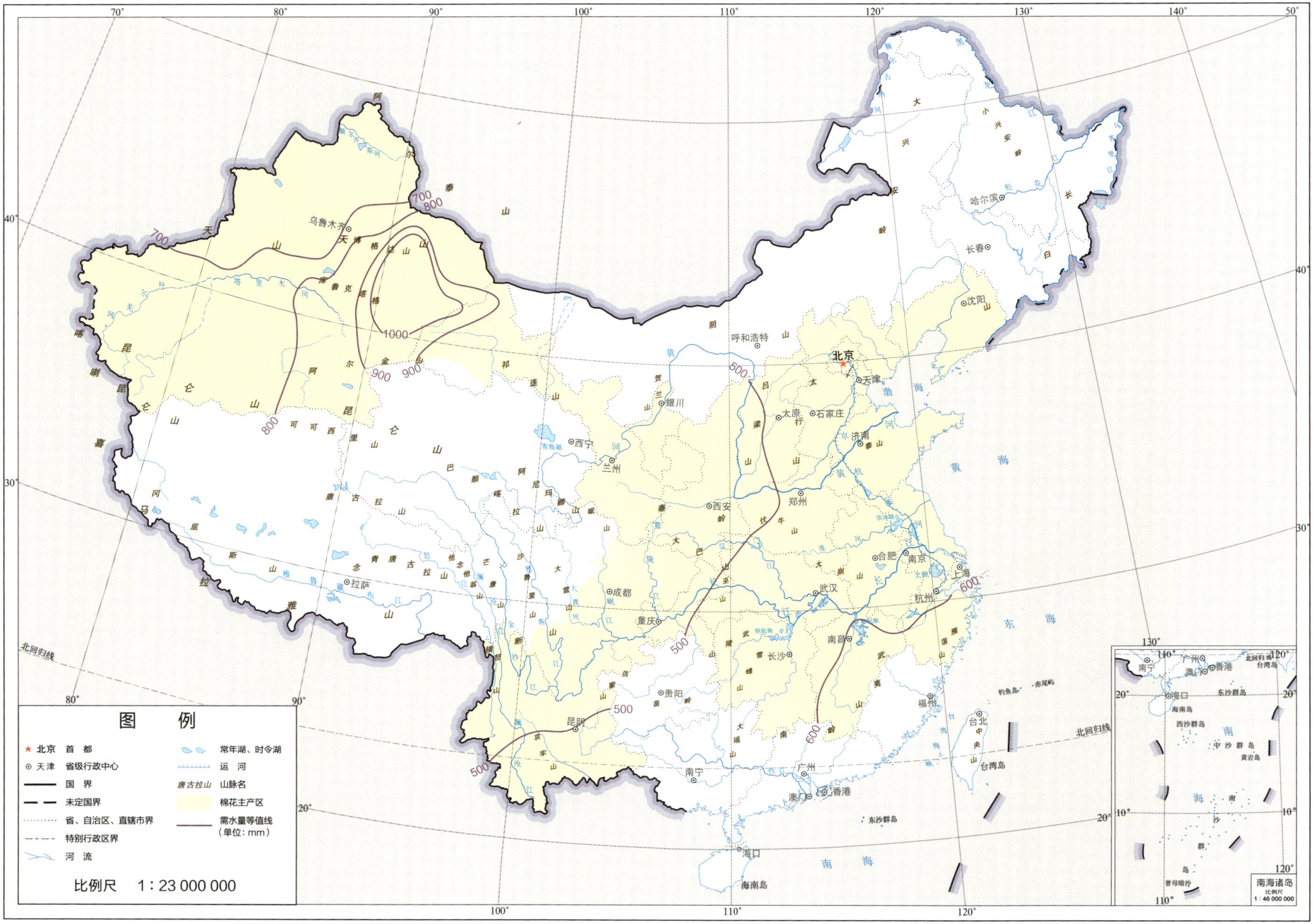

图例
★ 北京 首都
⊙ 天津 省级行政中心
国界
未定国界
省、自治区、直辖市界
特别行政区界
河流
常年湖、时令湖
运河
唐古拉山 山脉名
棉花主产区
需水量等值线
(单位：mm)
比例尺 1：23 000 000
南海诸岛
比例尺 1：46 000 000
500
600
700
800
900
1000

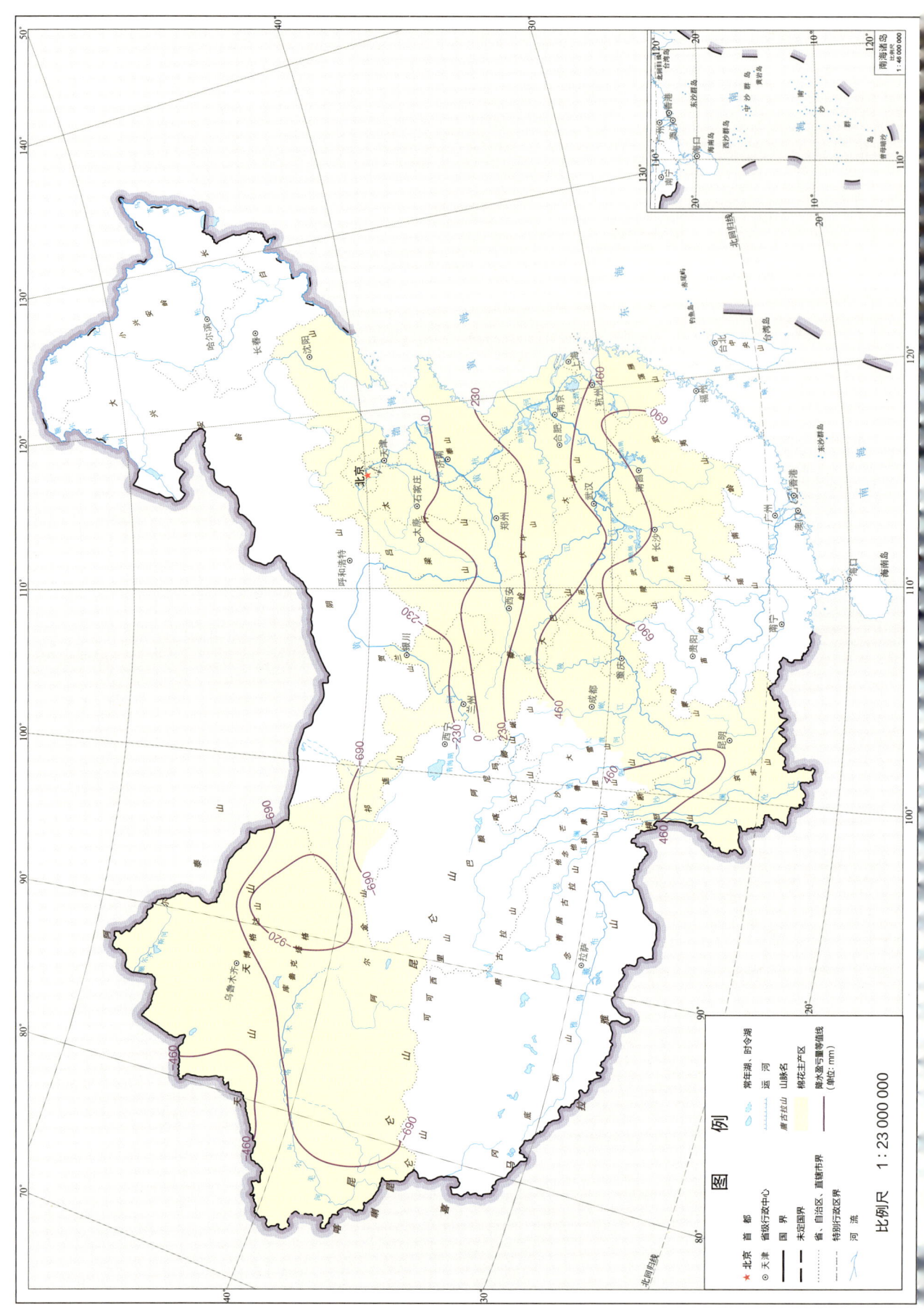
棉花播种期—成熟期降水盈亏量

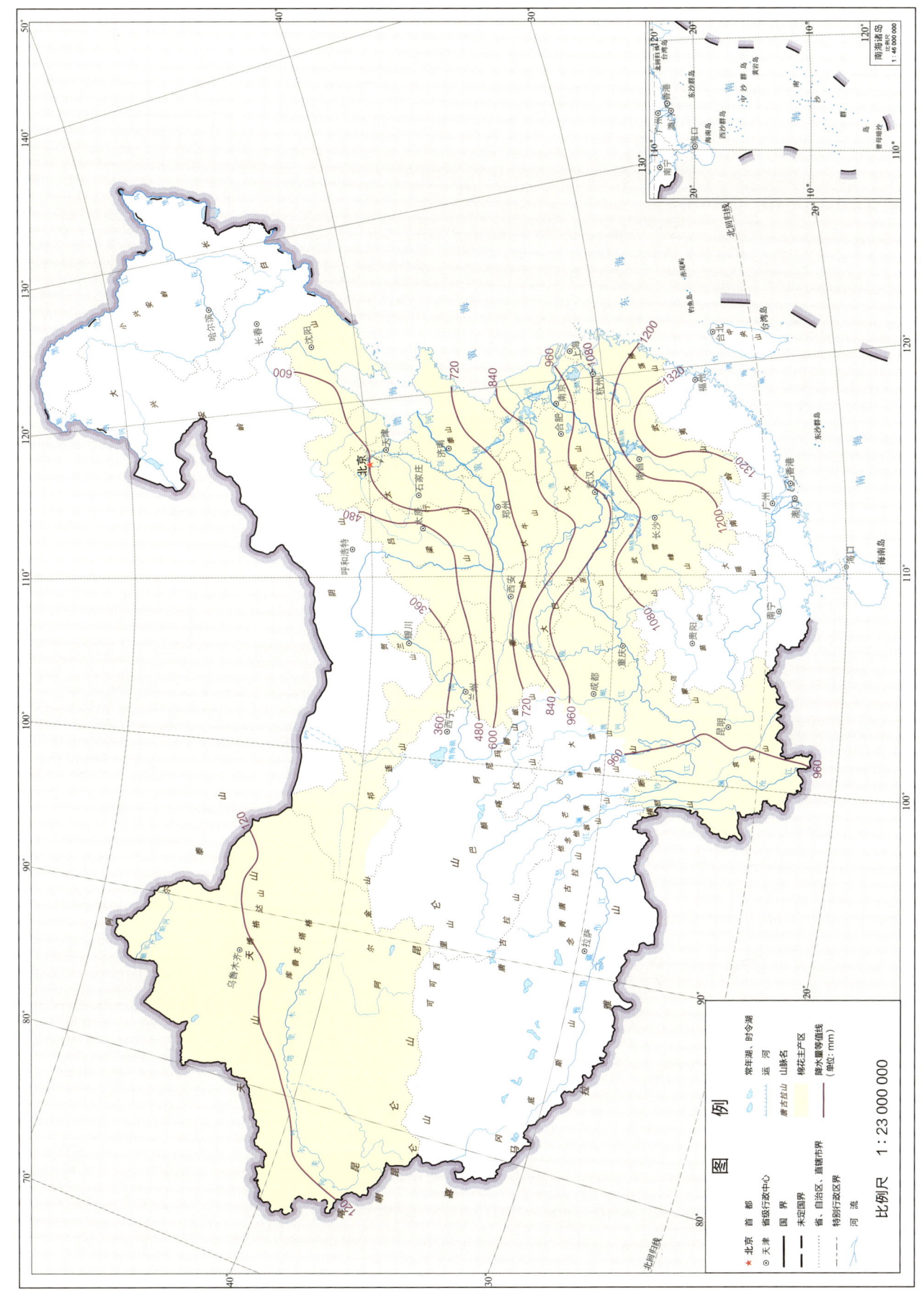

75%降水保证率棉花播种期—成熟期需水量

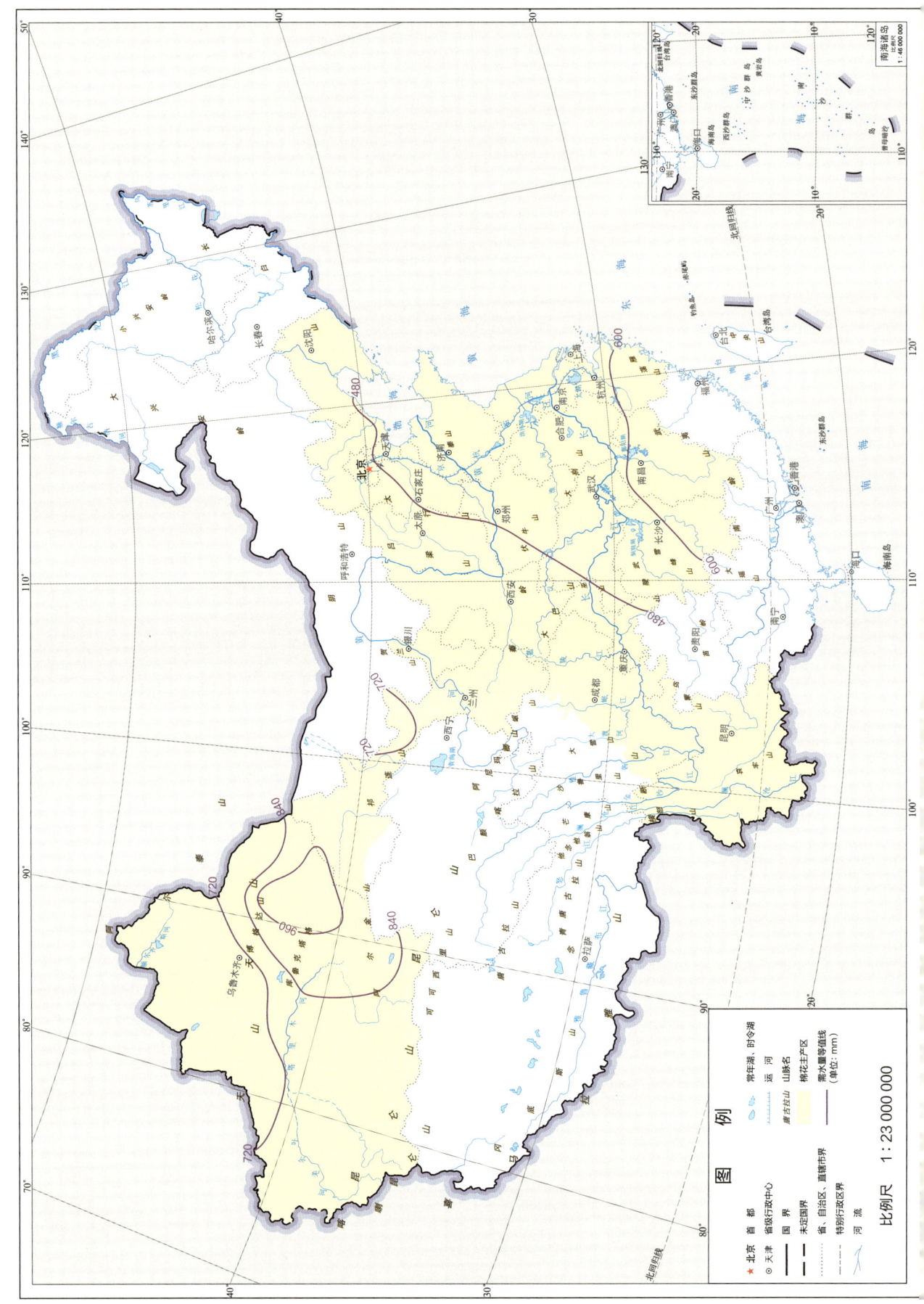

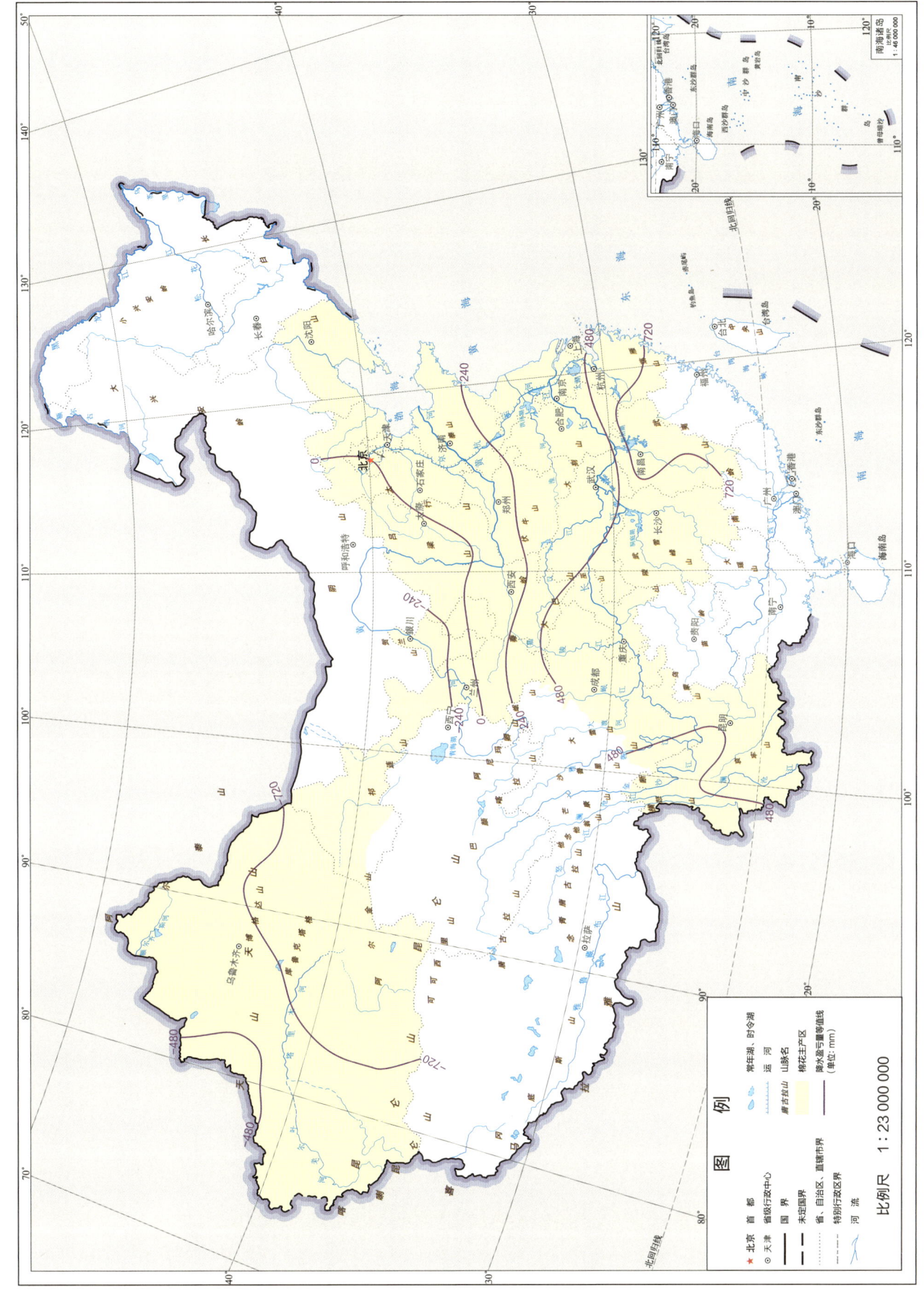

3 棉花播种期—现蕾期光温水资源

播种期—现蕾期属于棉花生长发育初期营养生长阶段，对光、温、水、热的需求总体上较小。播种到出苗一般需要7～15 d，地膜覆盖条件下为5～7 d。适宜的温度、水分和土壤条件可以加快种子萌发；出苗到现蕾时间在不同品种间变幅较大，早熟品种为30 d左右，中熟品种为40～50 d。21世纪10年代，棉花播种期—现蕾期日数一般为50～70 d，但西北内陆棉区棉花播种期—现蕾期日数较少，一般<55 d。

在中国三大棉花主产区，西北内陆棉区和黄河流域棉区播种期—现蕾期太阳总辐射量较高，西北内陆棉区变幅为1100～1400 MJ/m^2，黄河流域棉区在1100～1300 MJ/m^2，而长江流域棉区仅有900～1000 MJ/m^2。播种期—现蕾期日照时数的变化基本一样，西北内陆棉区和黄河流域棉区日照时数均>450 h，长江流域棉区为250～450 h。

棉花幼苗期的适宜温度为17～30 ℃，现蕾期的适宜温度为25～30 ℃，<19 ℃不现蕾，>30 ℃时现蕾速度减慢。从播种到出苗，需要>12 ℃的有效积温为50～70 ℃·d，活动积温为150～250 ℃·d。适宜范围内，温度的升高能够缩短播种到现蕾的天数，保证棉苗稳健生长。中国三大棉花主产区，播种期—现蕾期平均气温由<6 ℃增加至>21 ℃。其中，西北内陆棉区平均气温最低，自北向南由<6 ℃增加至>18 ℃；长江流域棉区和黄河流域棉区平均气温自西向东由<15 ℃增加至>21 ℃。

棉花播种期—现蕾期降水量与全生育期降水量变化基本一致，<60 mm增加至>540 mm。其中，西北内陆棉区降水量最少，在60 mm左右；黄河流域棉区和长江流域棉区降水量大致从北到南呈现逐渐递增的变化趋势，由60 mm增加至>540 mm。播种期—现蕾期需水量由<72 mm增加至>102 mm。其中，西北内陆棉区需水量自西向东呈现逐渐递增的变化趋势；黄河流域棉区和长江流域棉区自南向北需水量由<72 mm增加至>102 mm。西北内陆棉区播种期—现蕾期降水盈亏量基本在-60 mm左右，亏缺量变幅较小；黄河流域棉区和长江流域棉区播种期—现蕾期降水均出现盈余，自北向南呈现逐渐递增的变化趋势，且长江流域棉区盈余最多。

棉花苗期是其他生育阶段的基础，也是棉花高产丰产的前提条件。新疆春季气温多变，要达到"4月苗"的生育进程要求，必须要适期早播，采用干播湿出、地膜覆盖、滴水出苗等措施，实现一播全苗和壮苗早发。棉花苗期对水肥要求不多，但要求较高的温度和充足的光照，需加强苗期田间管理，及时中耕松土，提高地温，促进根系发育；同时棉花苗期易发生立枯病、炭疽病等病害，也应加强调查棉蚜、棉蓟马和红蜘蛛等虫害，及时防治，减少病虫害发生。

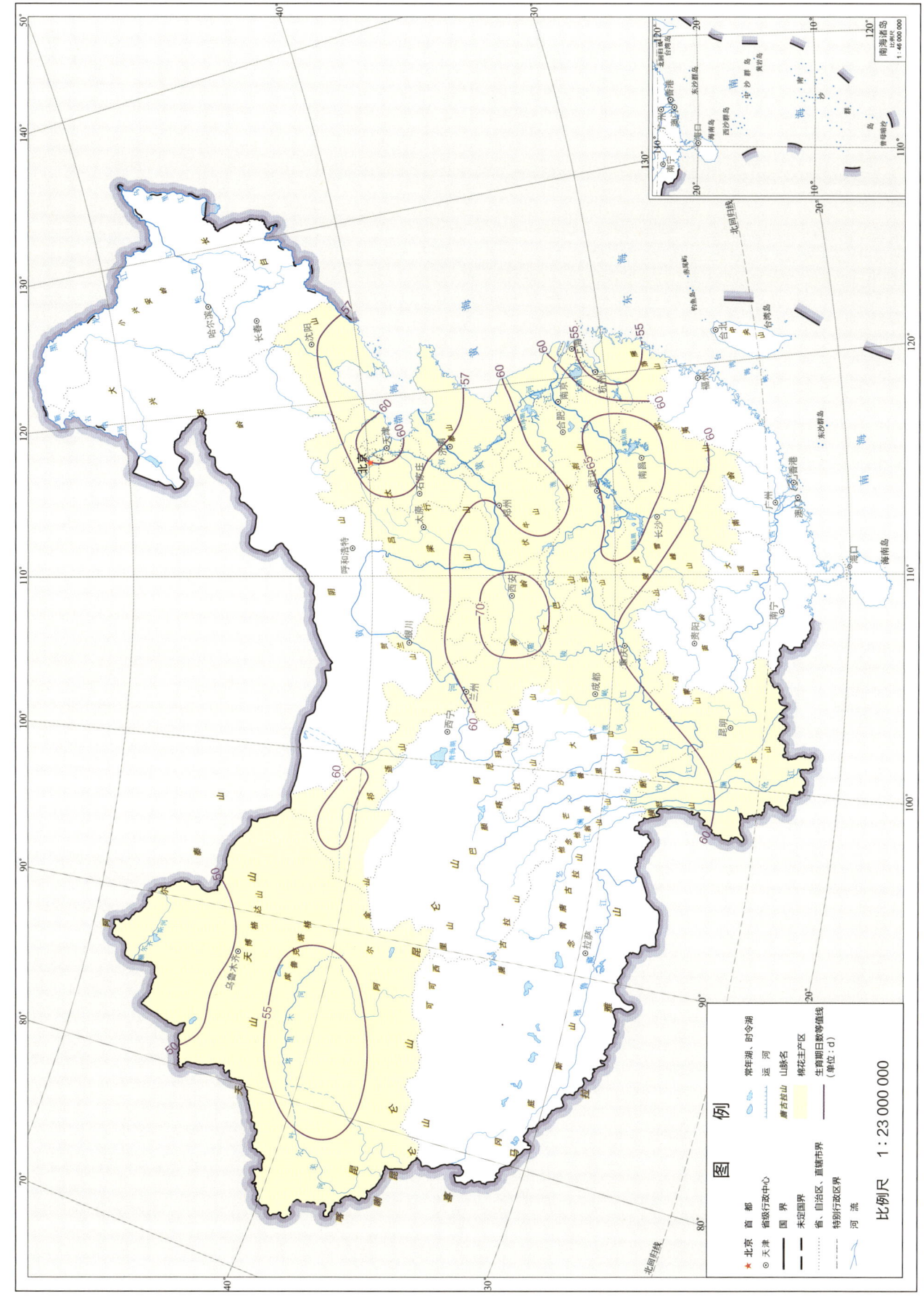

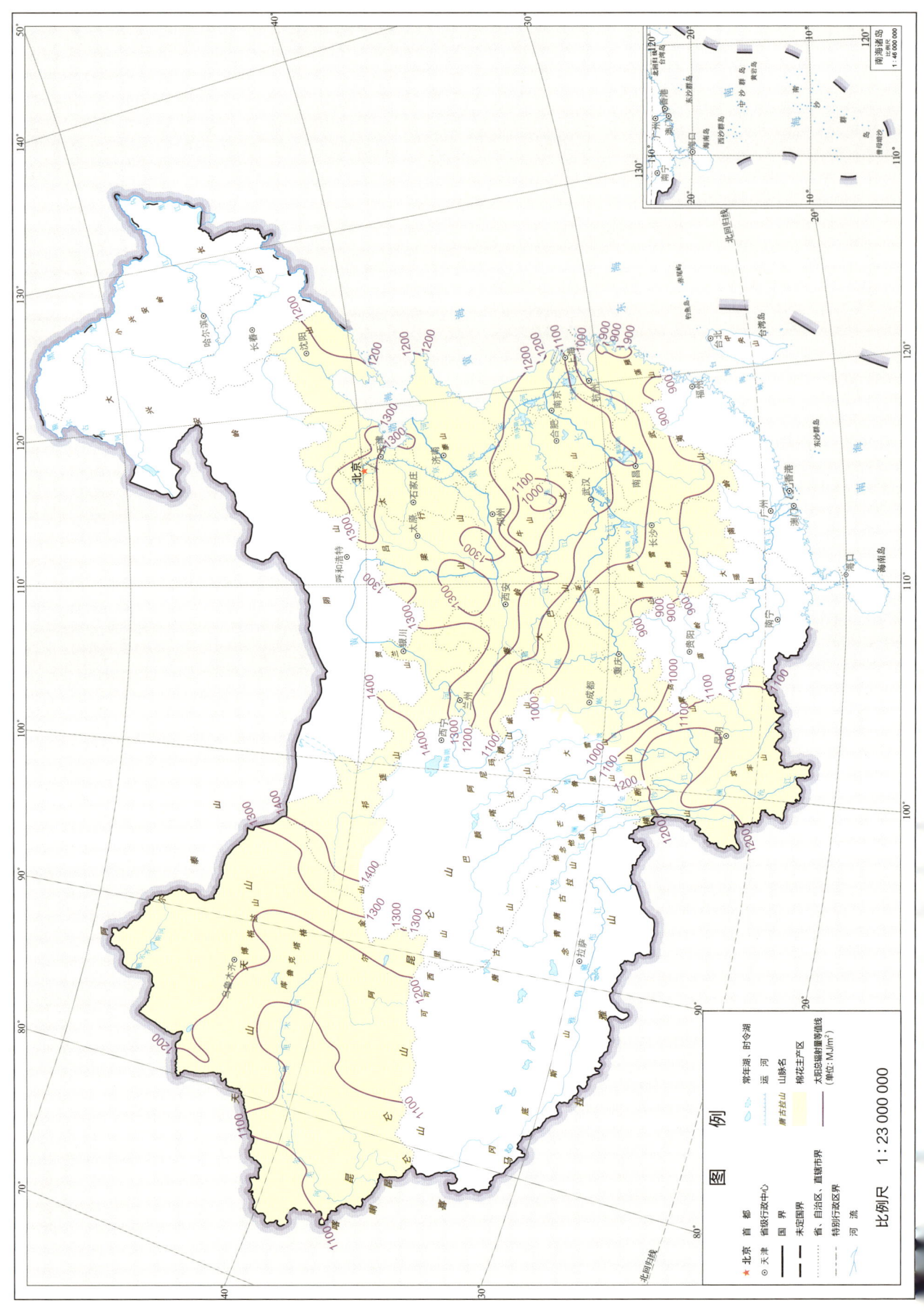

棉花播种期—现蕾期太阳总辐射量

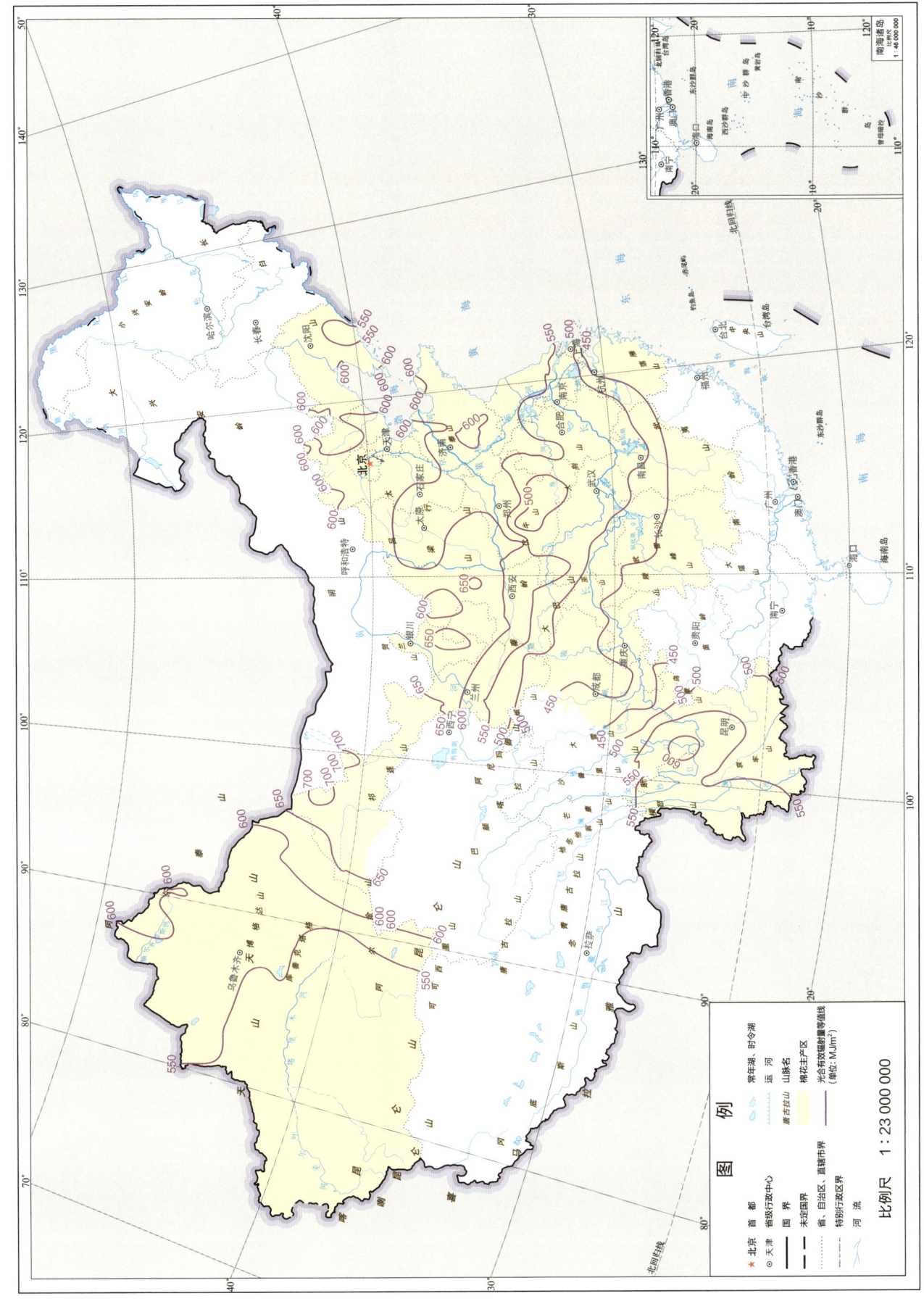

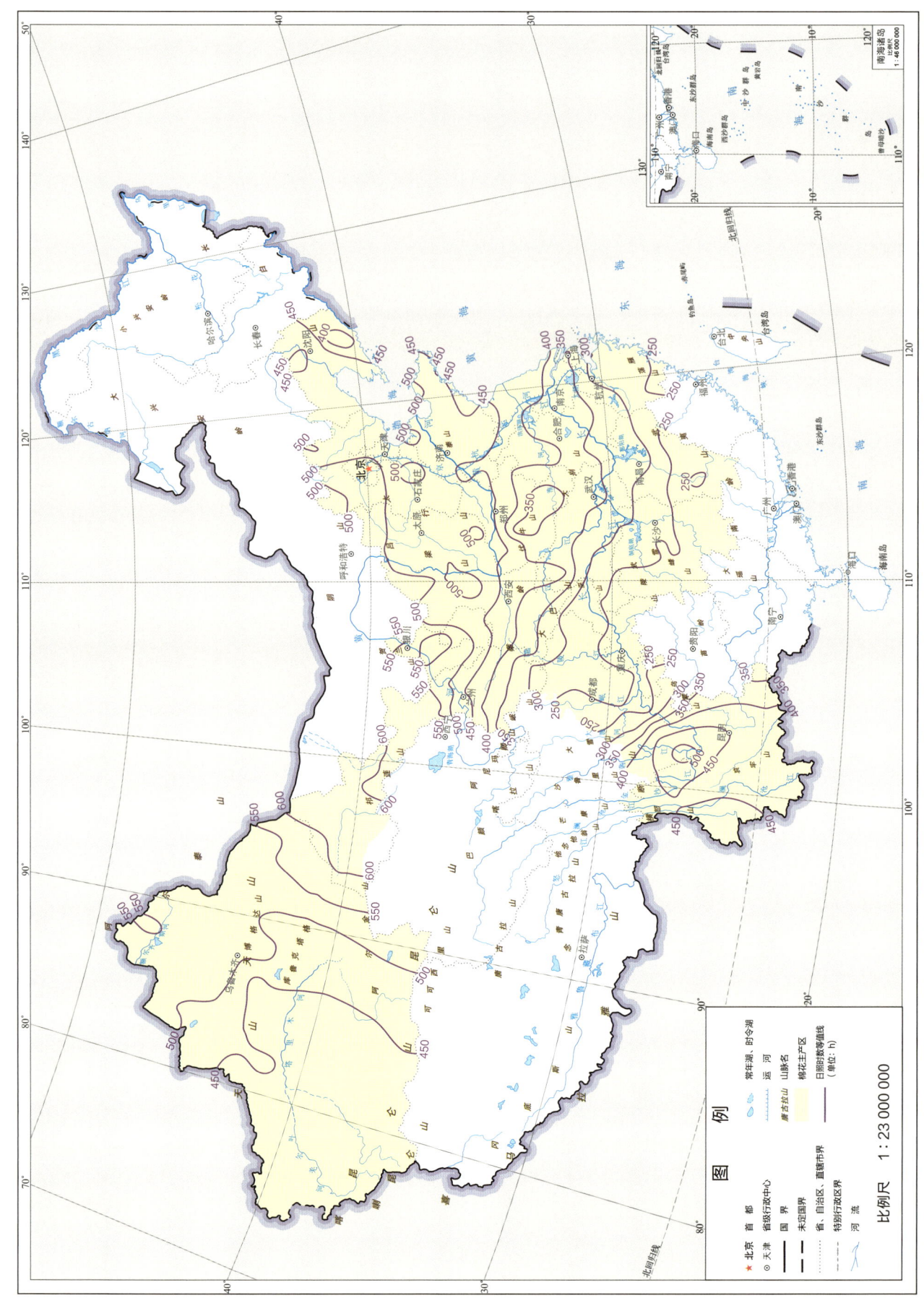

棉花播种期—现蕾期日照时数

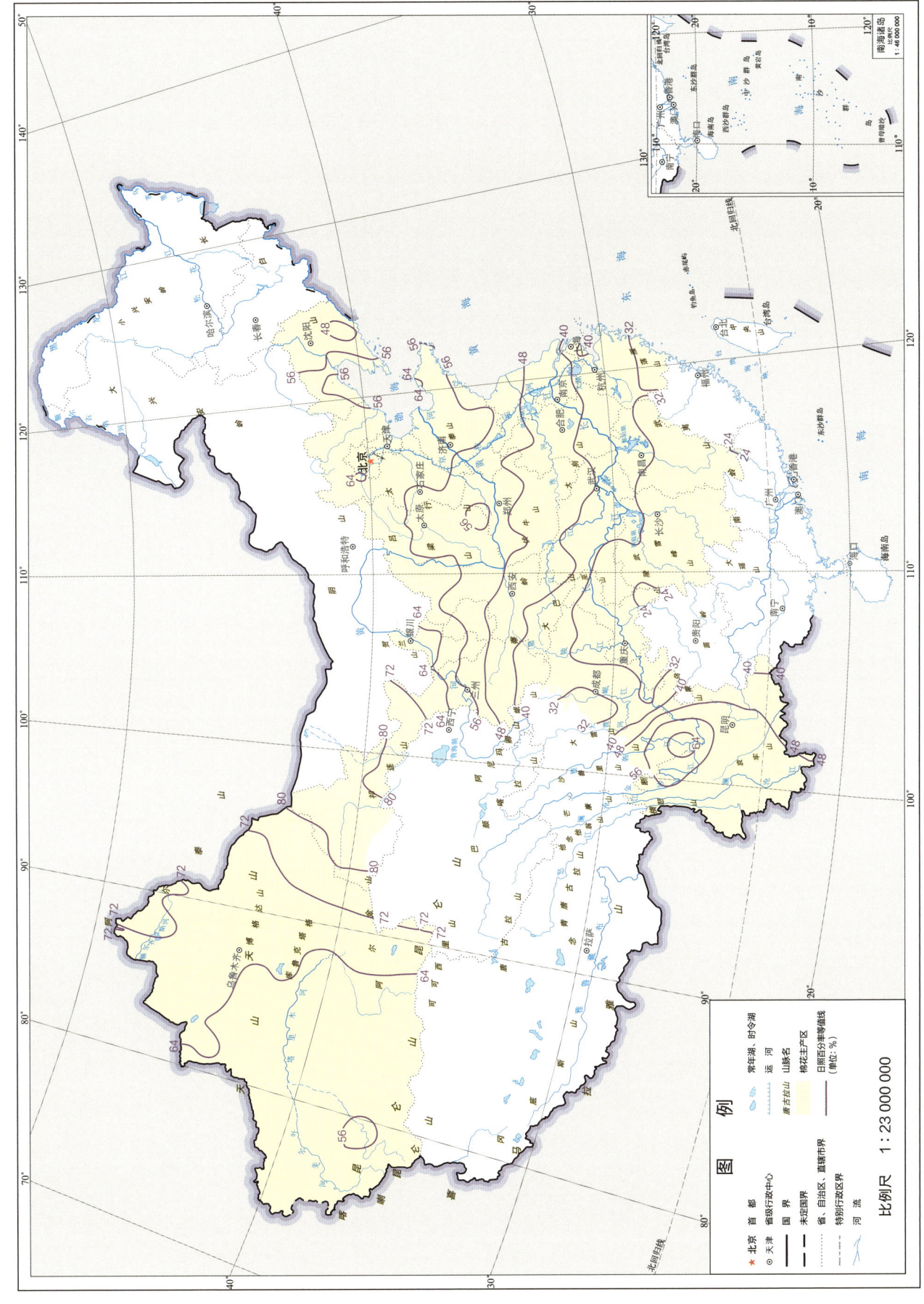

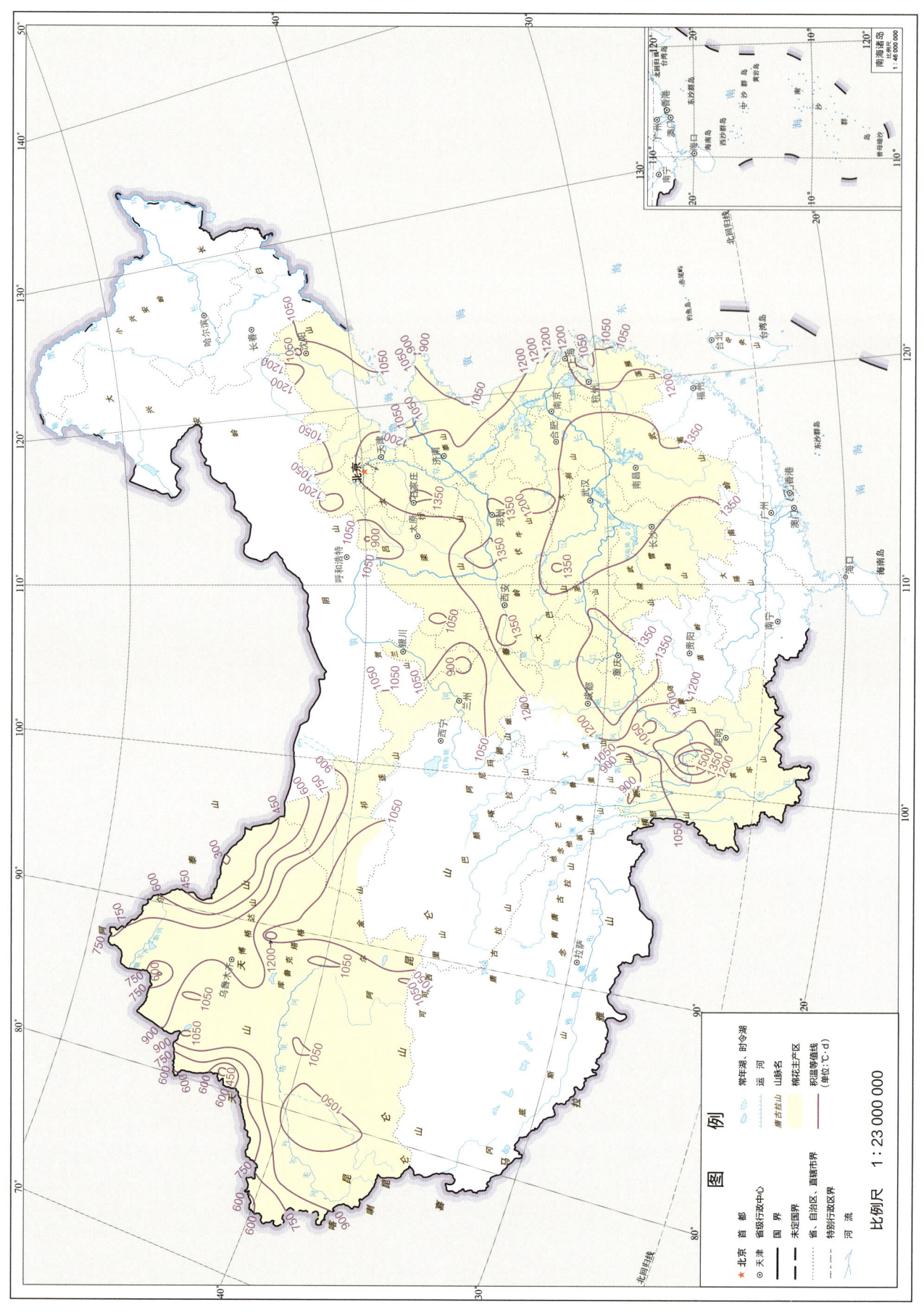

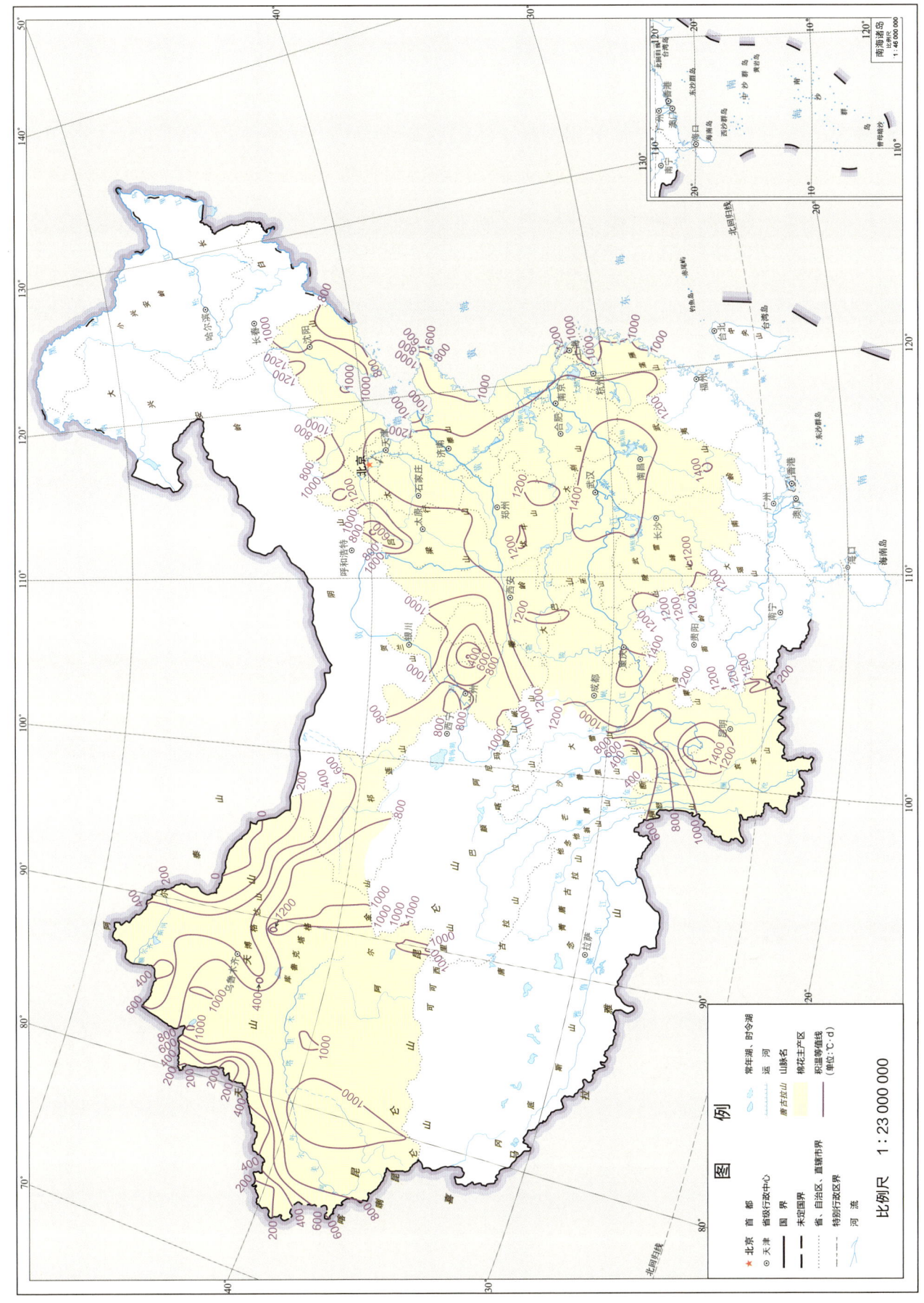

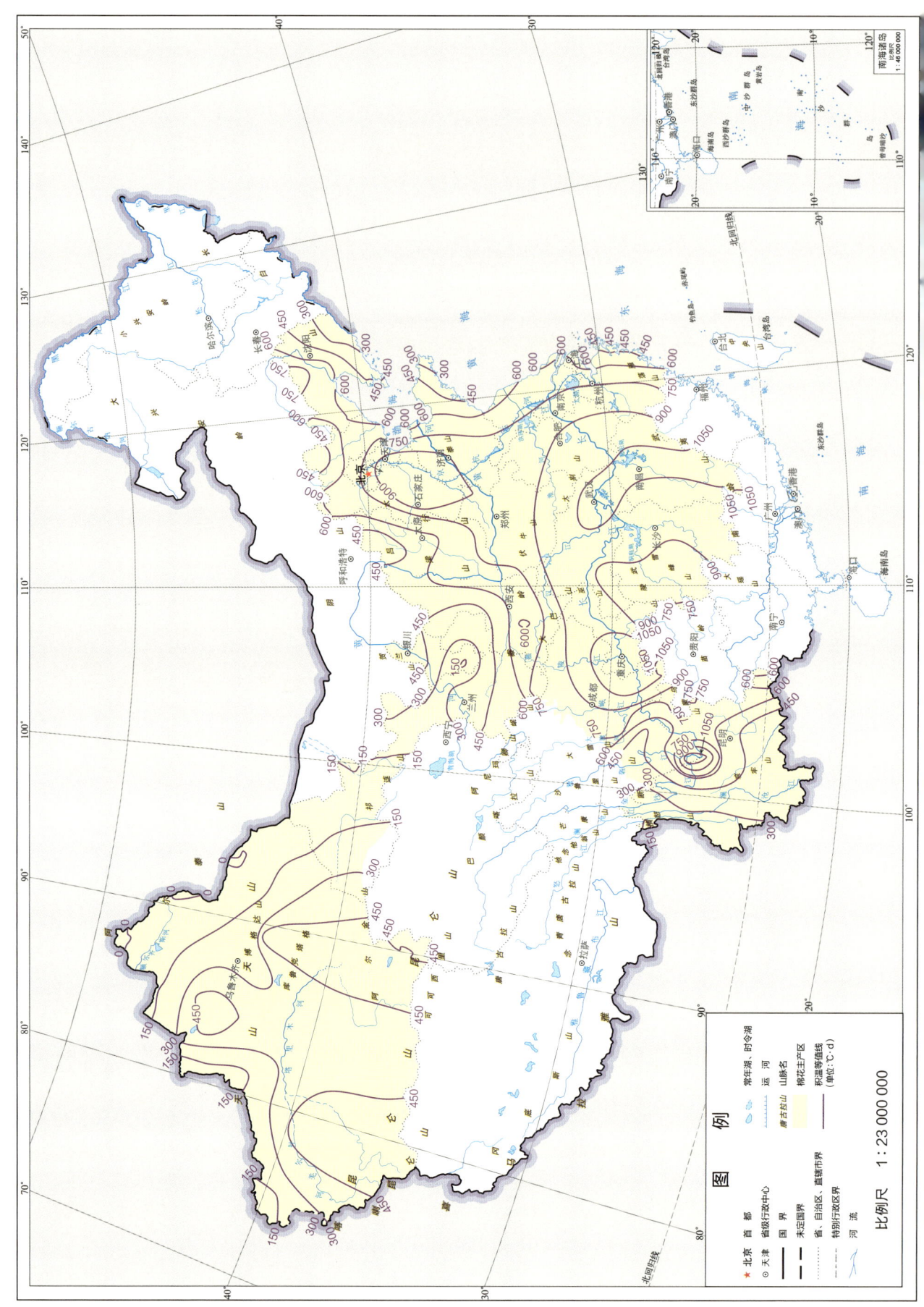

棉花播种期—现蕾期 ≥20℃积温

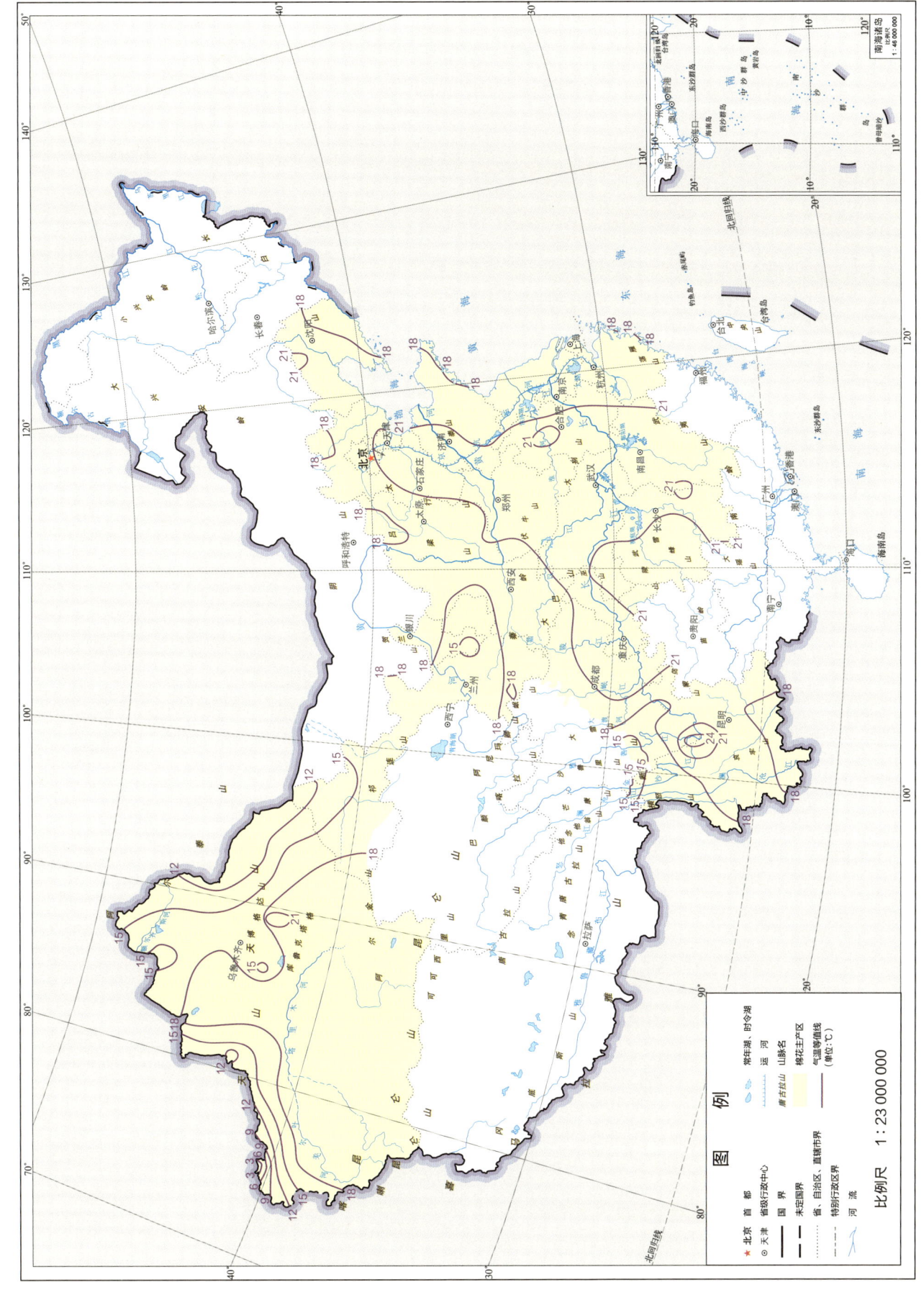

棉花播种期—现蕾期极端最高气温

棉花播种期—现蕾期极端最低气温

3 棉花播种期—现蕾期光温水资源 | 047

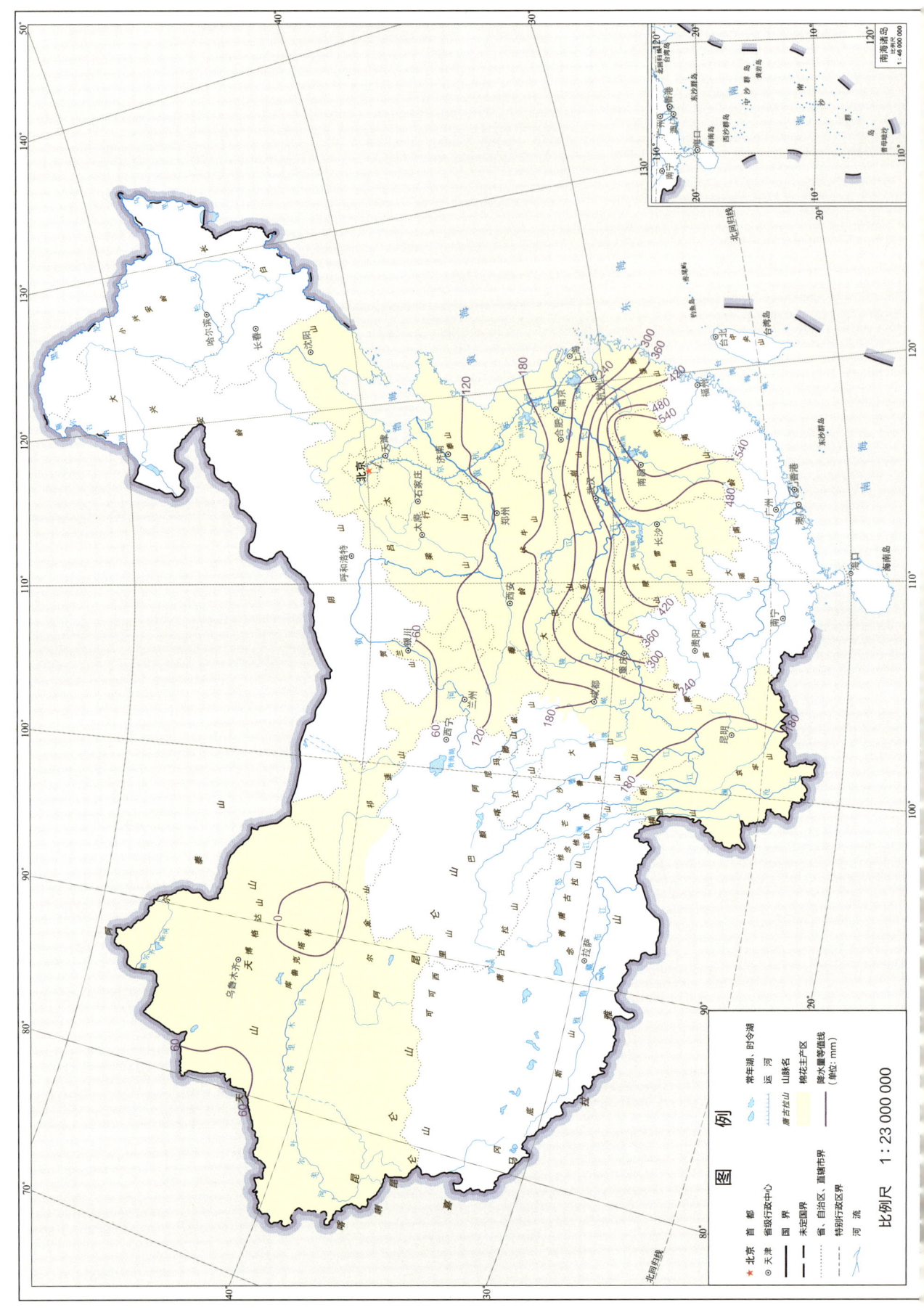

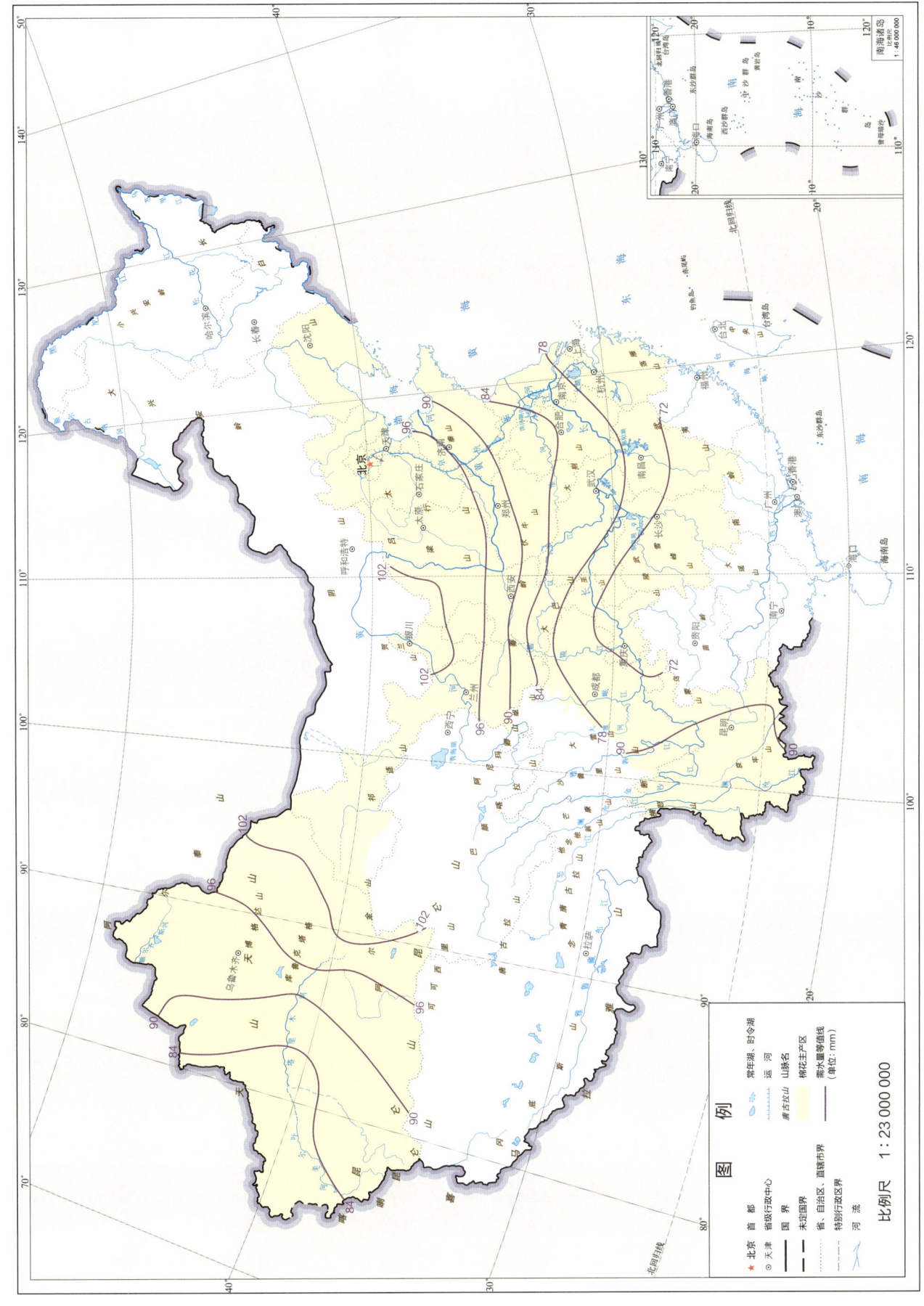

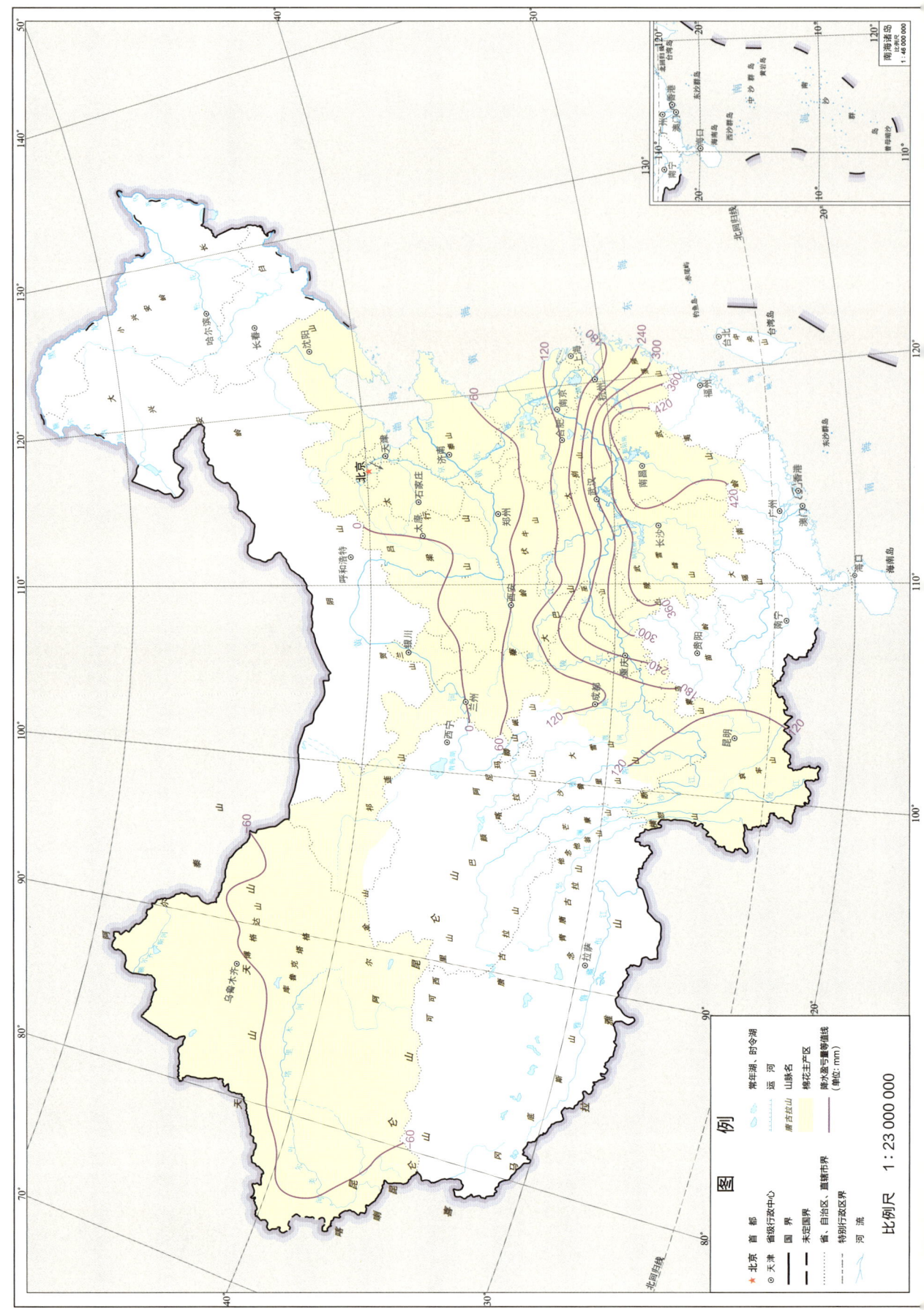

4 棉花现蕾期—开花期光温水资源

现蕾期—开花期是棉花营养生长和生殖生长并存的关键时期，一般为20～35 d，需要充足的光照和较高的温度。现蕾到开花是决定单株成铃数的关键阶段，蕾花期要进行合理化学调控，促进棉花营养生长向生殖生长转化，促使棉花早现蕾、早开花、早结铃、早吐絮；控制棉株横向发展，防止上部果枝过度伸长，以减轻棉田郁蔽程度，提高光能利用率，促进棉花增产增收。

在中国三大棉花主产区中，西北内陆棉区现蕾期—开花期太阳总辐射量和日照时数最高，分别为720～780 MJ/m^{2}和＞300 h；长江流域棉区最低，分别为360～600 MJ/m^{2}和90～180 h；黄河流域棉区太阳总辐射为480～600 MJ/m^2，日照时数自南向北由180 h增加至＞270 h。中国三大棉花主产区现蕾期—开花期≥20℃积温变化由＜100℃·d增加至＞900℃·d。其中，长江流域棉区自西向东呈现逐渐递增的变化趋势，由＜300℃·d增加至＞900℃·d；西北内陆棉区≥20℃积温自北向南由＜100℃·d增加至＞700℃·d；黄河流域大部分棉区≥20℃积温变幅较小，为500～600℃·d。

棉花现蕾的临界温度为19℃，在19～35℃的范围内，随温度的升高，现蕾速度加快，蕾期到花期的时间缩短。棉花开花要求的最低温度为23℃，适宜温度为25～30℃。中国三大棉花主产区现蕾期—开花期平均气温由＜12℃增加至＞27℃。其中，西北内陆棉区大部分地区平均气温最低，自北向南由＜12℃增加至＞24℃；长江流域棉区平均气温自西向东由＜18℃增加至＞27℃；黄河流域棉区平均气温自北向南由＜21℃增加至＞27℃。三大棉花主产区现蕾期—开花期的极端最高气温由＜22℃增加至＞32℃。其中，西北内陆棉区极端最高气温由＜22℃增加至＞32℃，且南疆棉区均在＞30℃；长江流域棉区和黄河流域棉区变幅较小，大部分为28～30℃。我国棉花主产区不少棉花品种受到长期高温的影响，导致中下部花粉发育不良，引起棉铃大量脱落。我国三大棉花主产区现蕾期—开花期极端最低气温由＜6℃增加至＞24℃。其中，西北内陆棉区极端最低气温由＜6℃增加至＞18℃；长江流域棉区极端最低气温均＞15℃，自西向东呈现逐渐增加的变化趋势；黄河流域大部分棉区极端最低气温自北向南由＜15℃增加至＞21℃。

棉花现蕾期—开花期降水量与全生育期降水量变化基本一致，由＜30 mm增加至＞330 mm。其中，西北内陆棉区降水量最少，在30 mm左右；黄河流域棉区和长江流域棉区降水量大致从北到南呈现逐渐递增的变化趋势，由60 mm增加至＞330 mm。西北内陆棉区现蕾期—开花期需水量自西向东呈现逐渐增加的变化趋势，由＜125 mm增加至＞150 mm；黄河流域棉区需水量为75～100 mm；长江流域棉区需水量基本＞75 mm。

西北内陆棉区现蕾期—开花期降水盈亏量由<-120 mm改变至>-180 mm；黄河流域棉区降水盈亏量自北向南呈现逐渐递增的变化趋势，由-60 mm增加至>60 mm；长江流域棉区降水盈亏量自北向南由120 mm增加至>240 mm，出现降水盈余。

随着气温不断上升，棉花蕾期生长势逐渐增强，实际生产中，应根据棉苗长势、品种特性和气候特点等进行化学调控，适时灌水、合理施肥、壮株稳长，同时做好病虫草害防治工作，促使棉花早现蕾、多现蕾、现大蕾、早开花，搭好丰产高产架子。

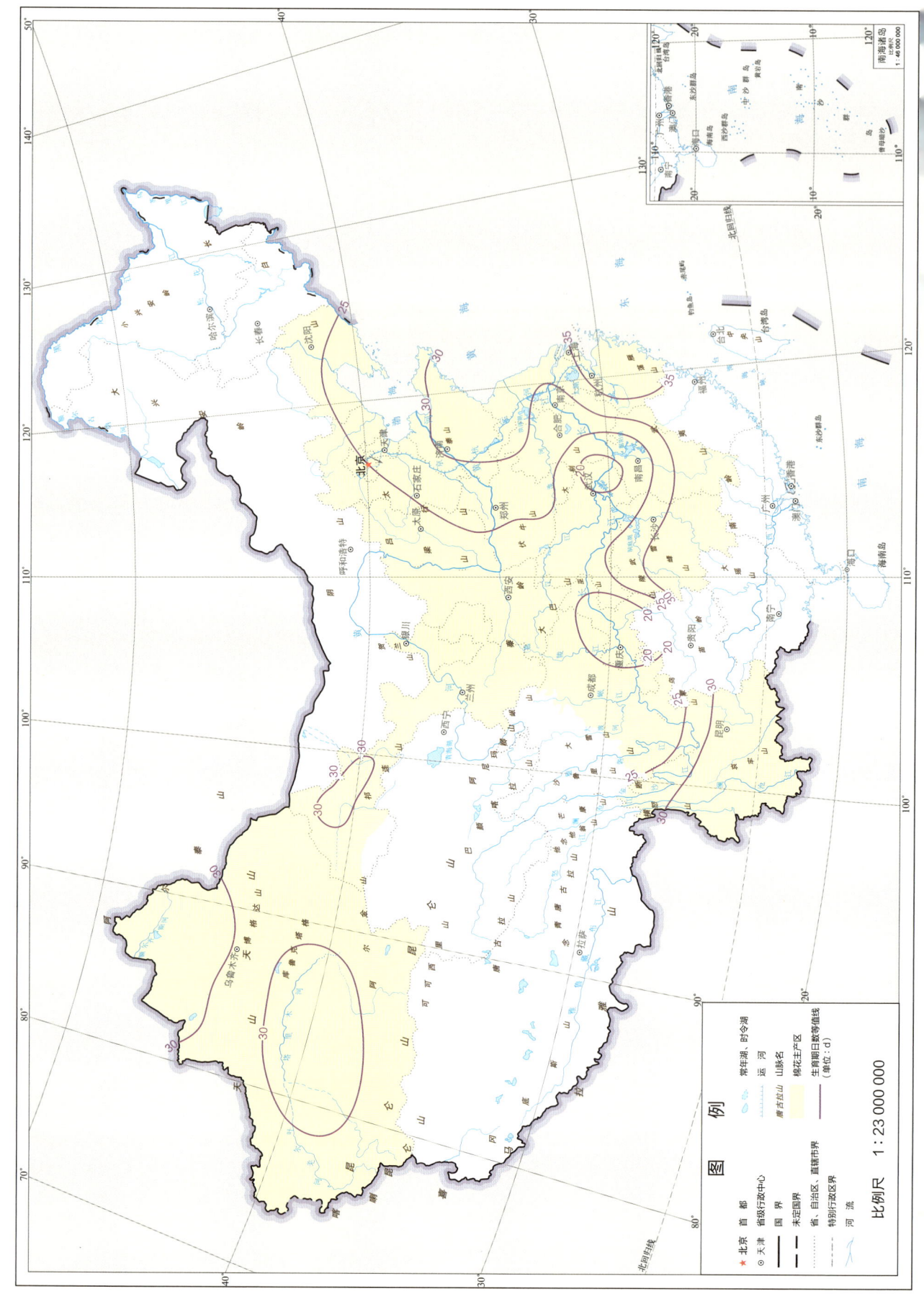

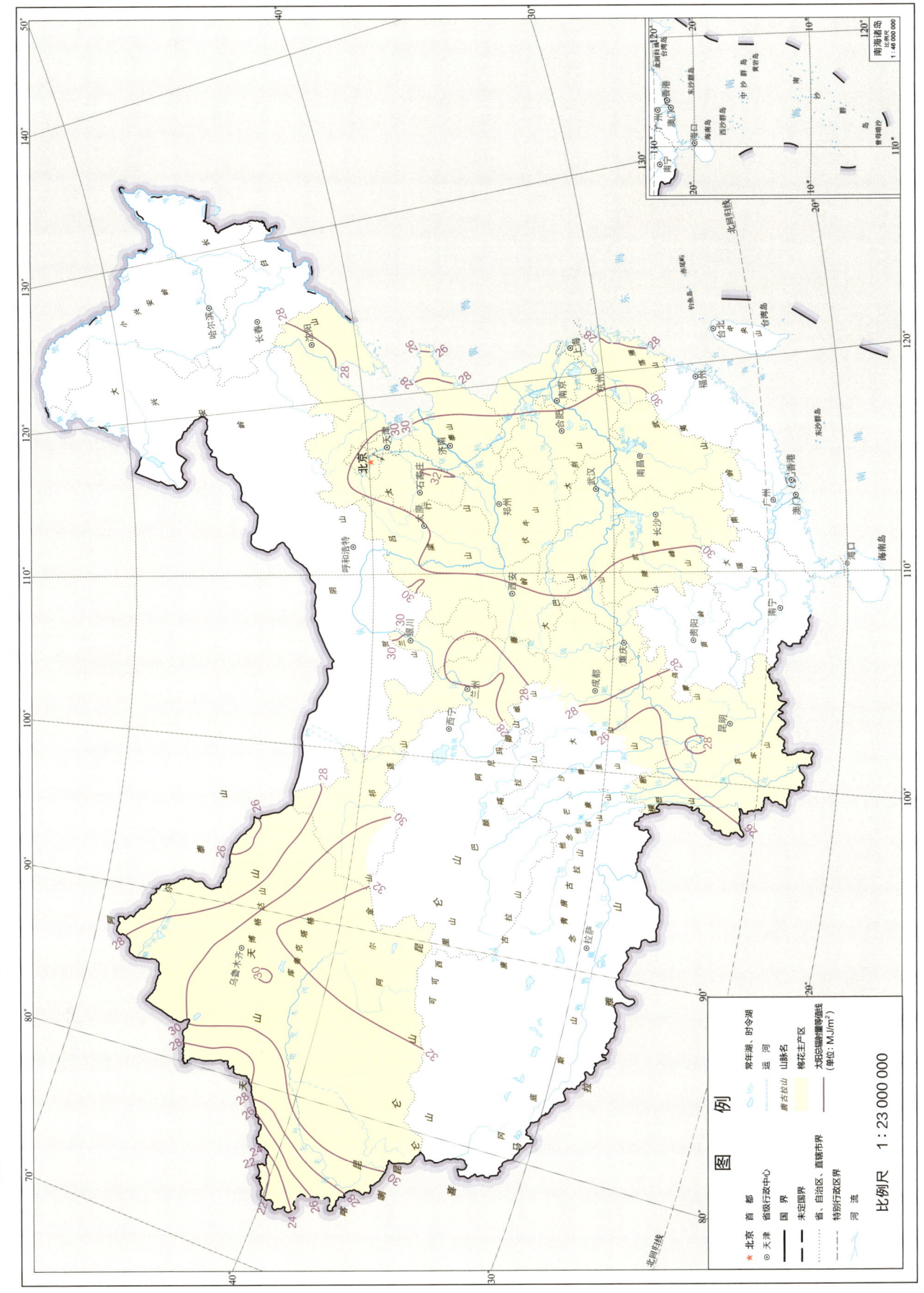
棉花现蕾期—开花期太阳总辐射量

棉花现蕾期—开花期光合有效辐射量

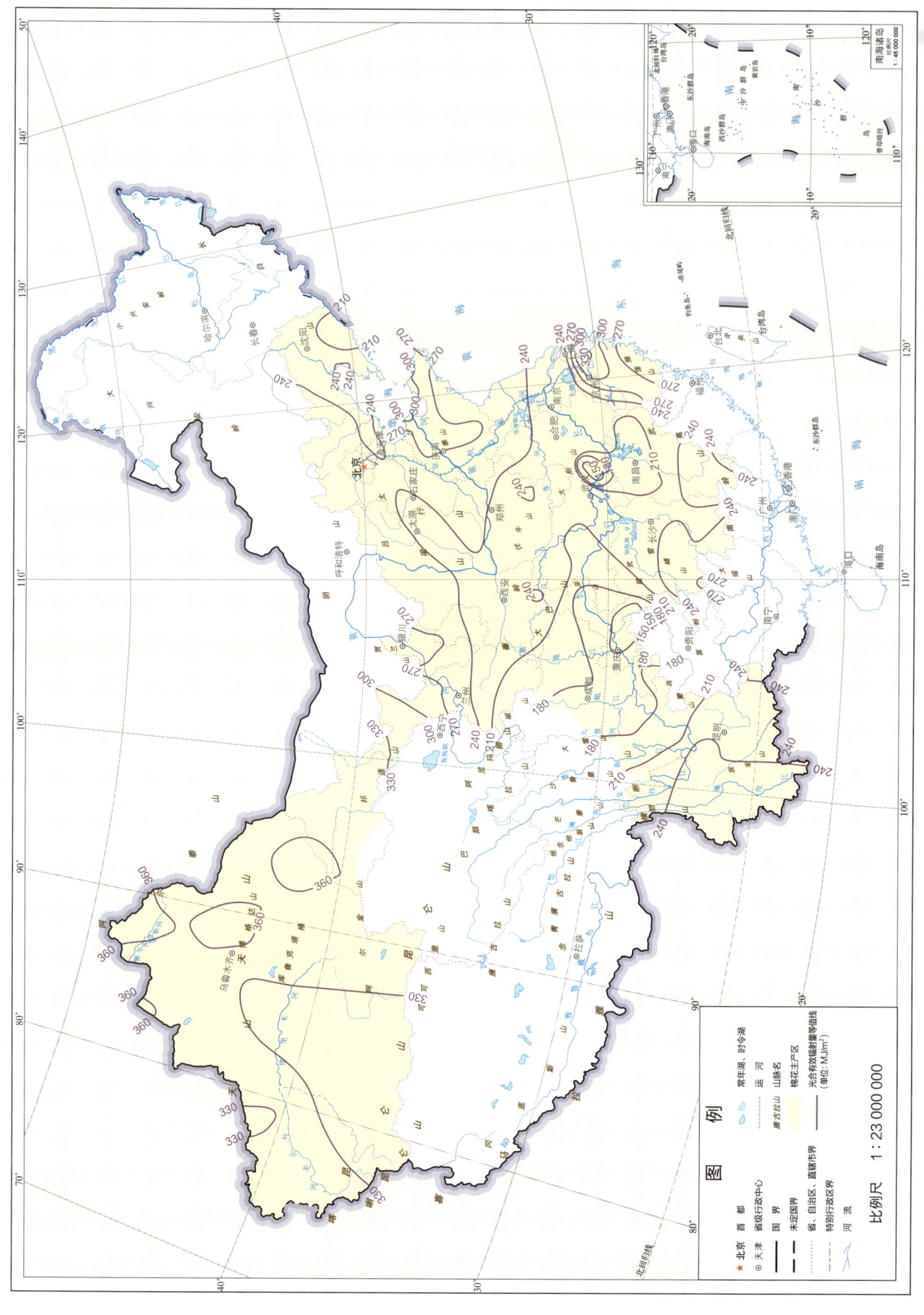

棉花现蕾期—开花期日照时数

4 棉花现蕾期—开花期光温水资源

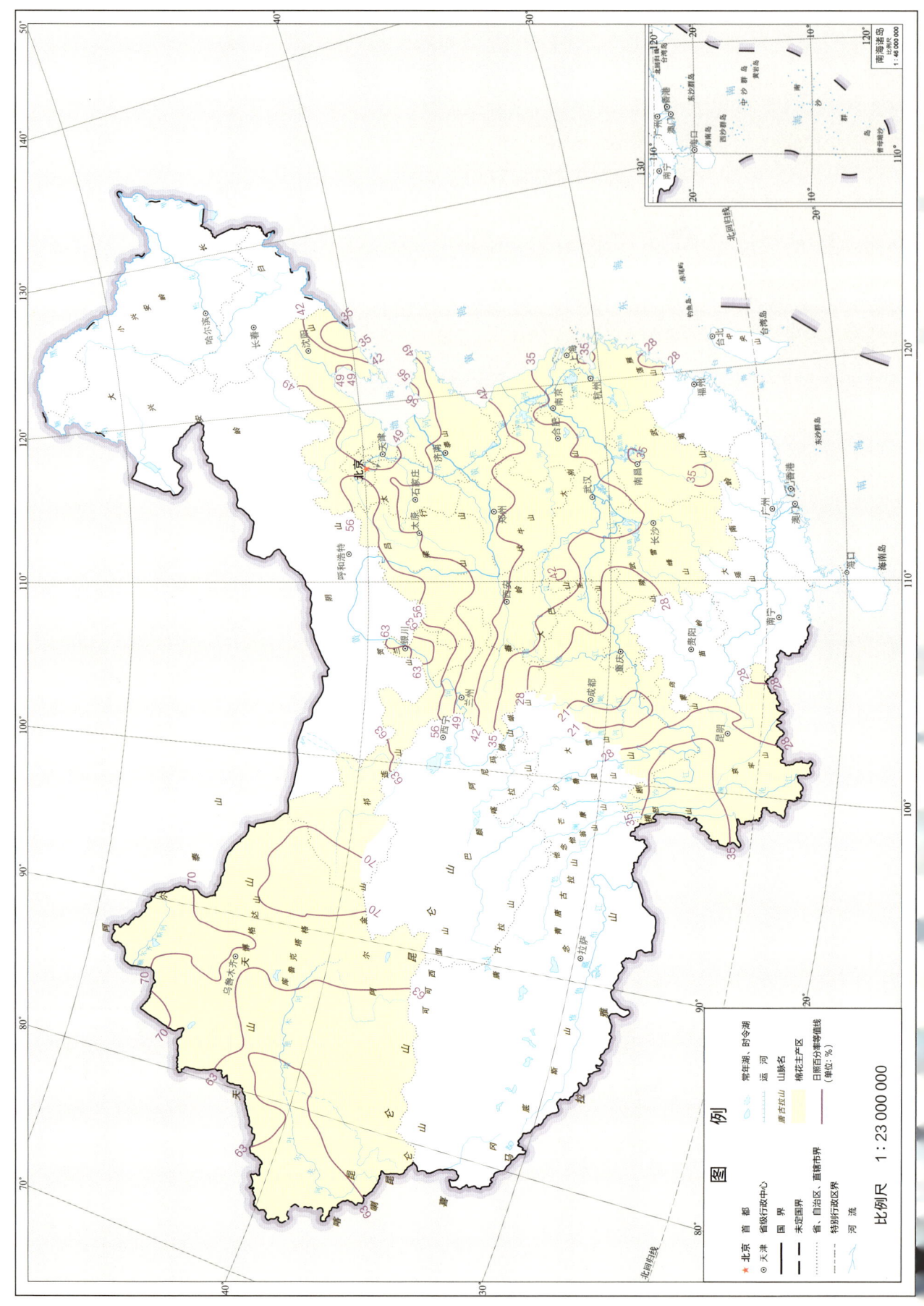

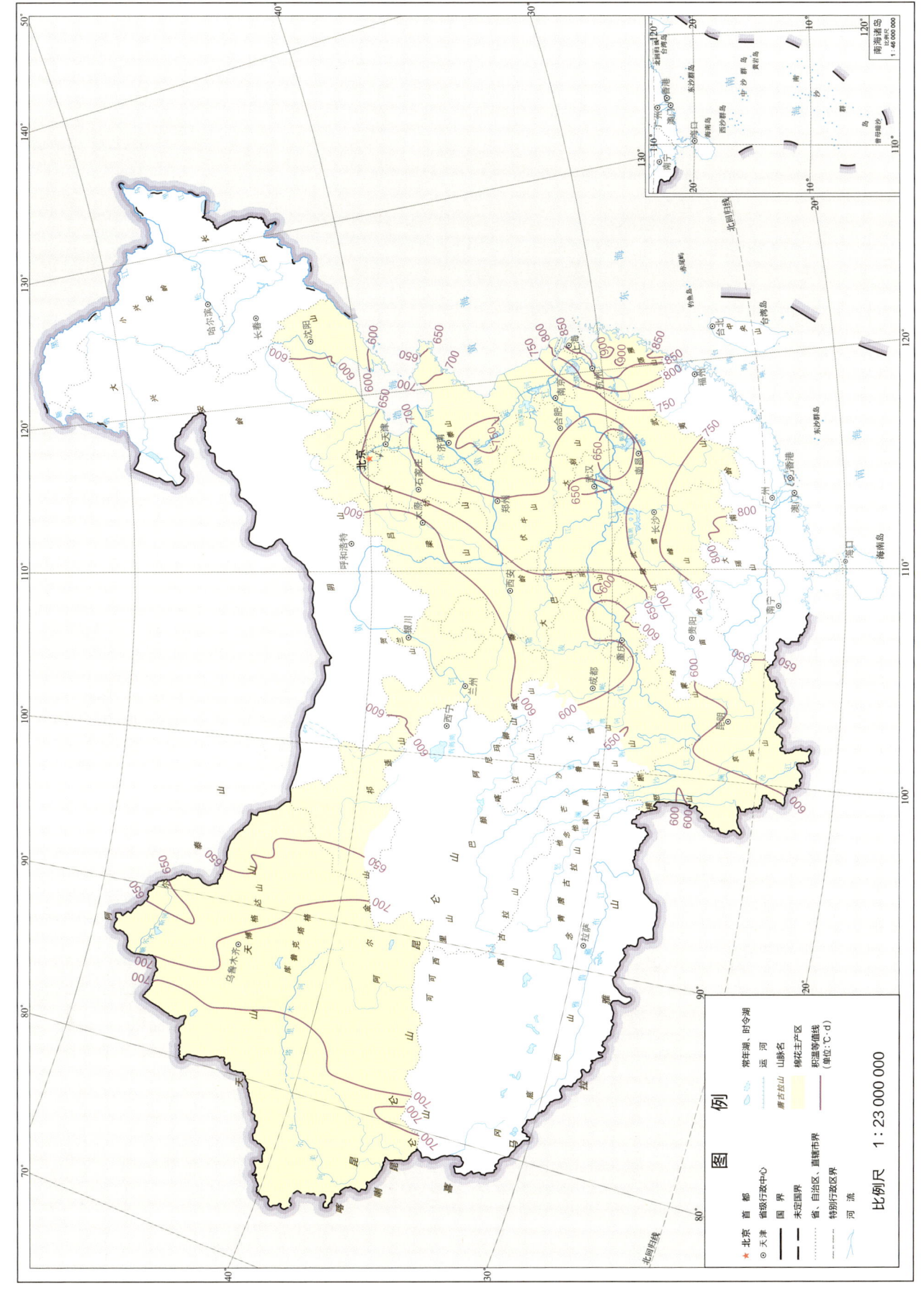

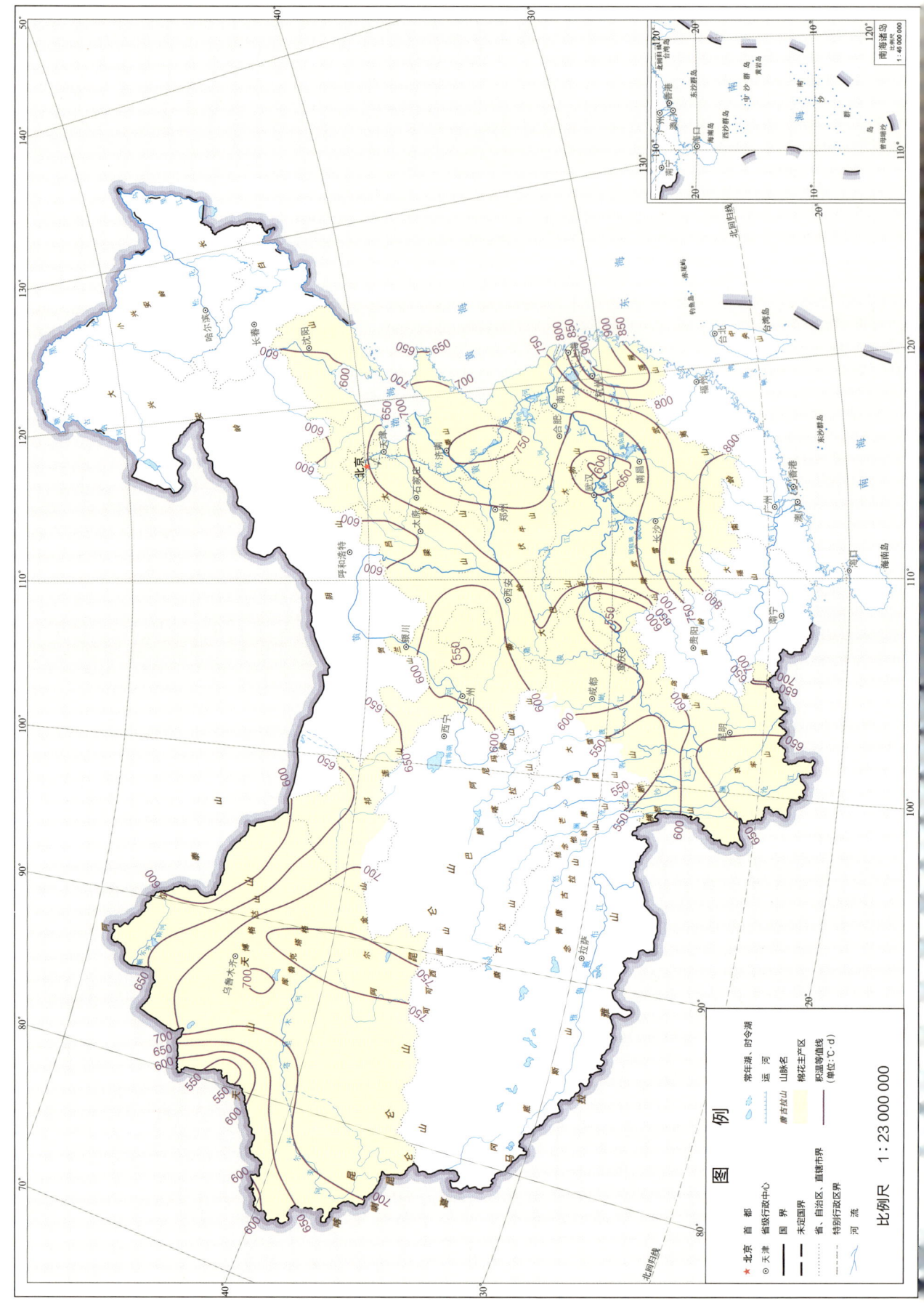

棉花现蕾期—开花期≥15℃积温

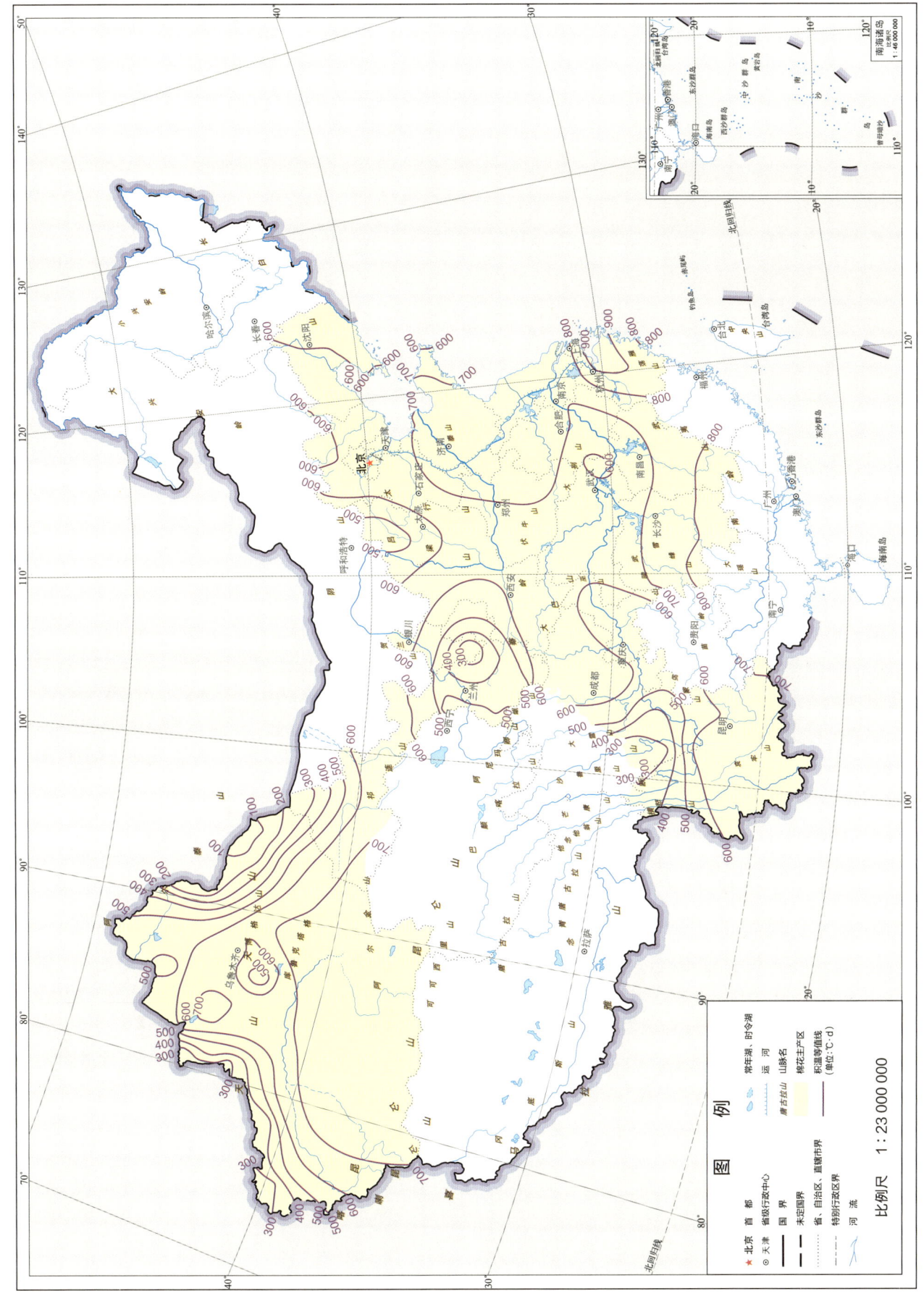

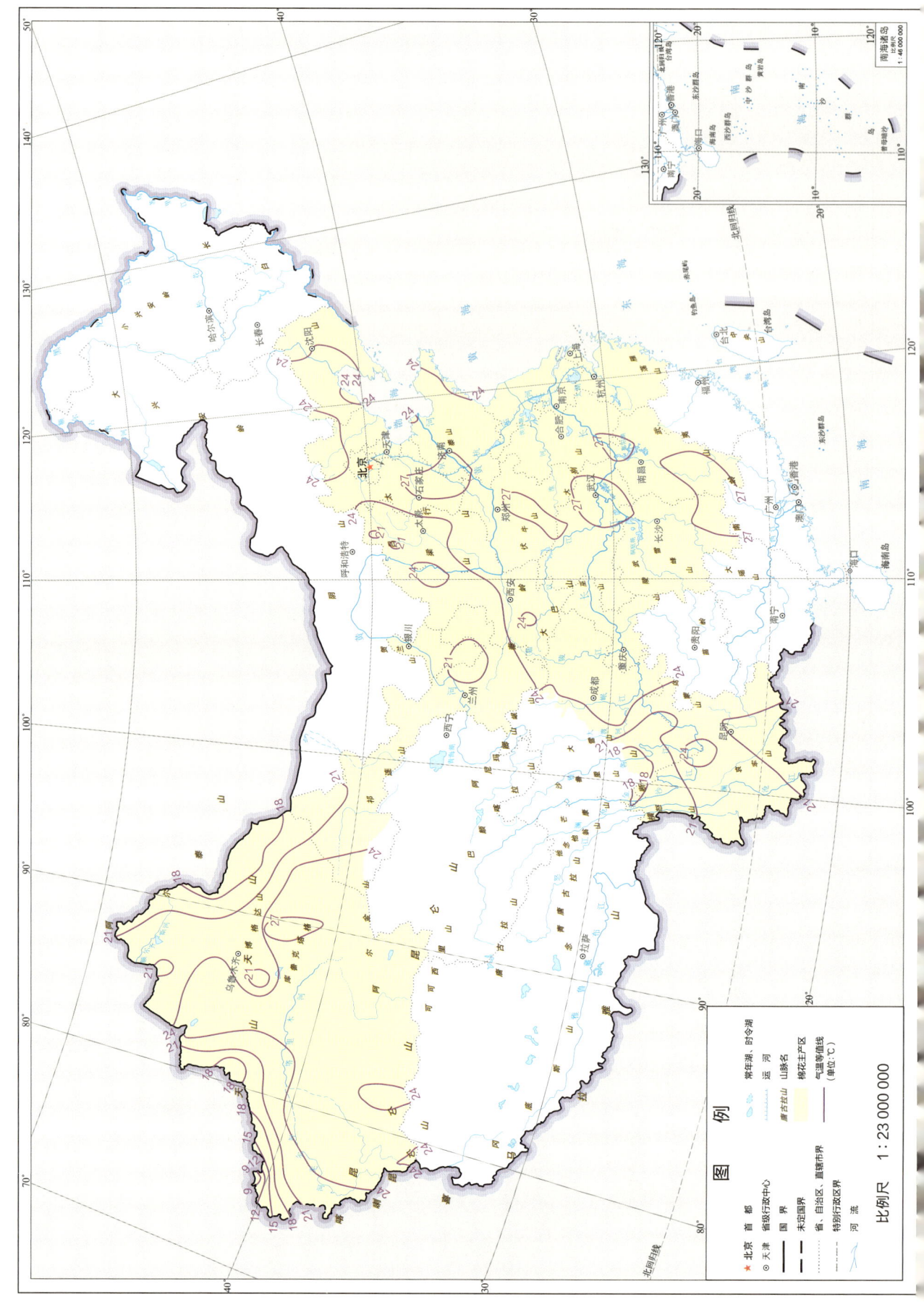

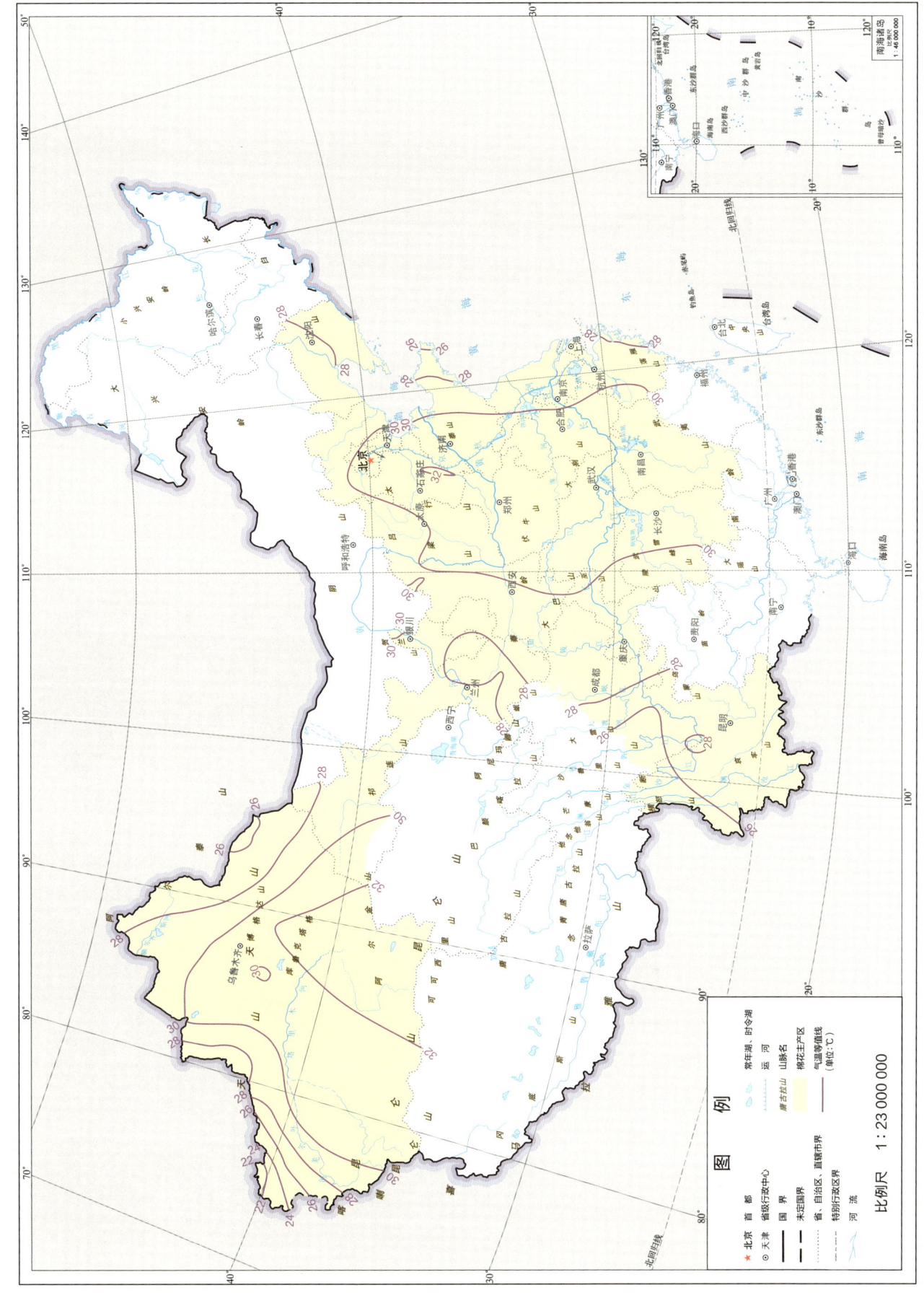

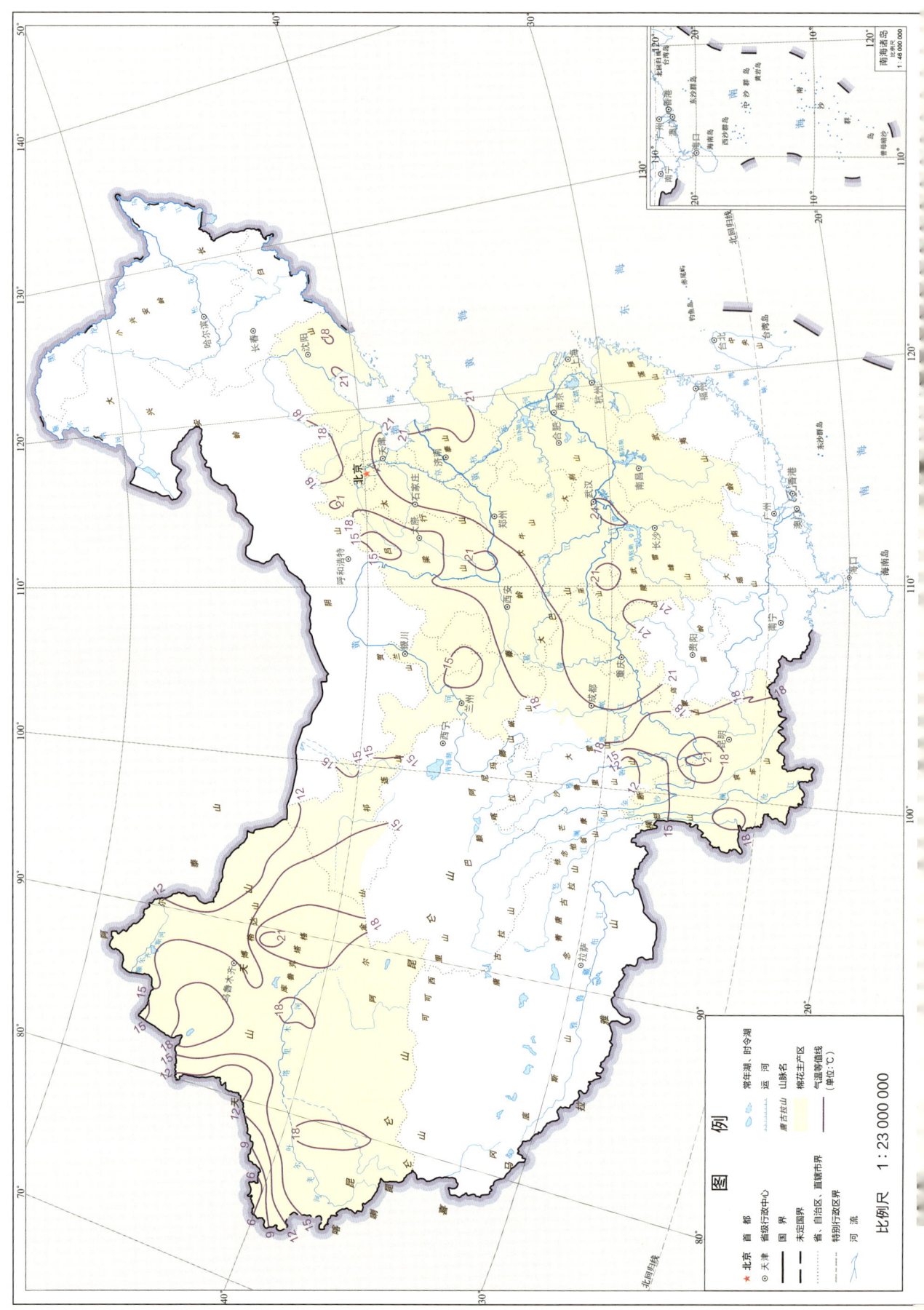

棉花现蕾期—开花期极端最低气温

棉花现蕾期—开花期降水量

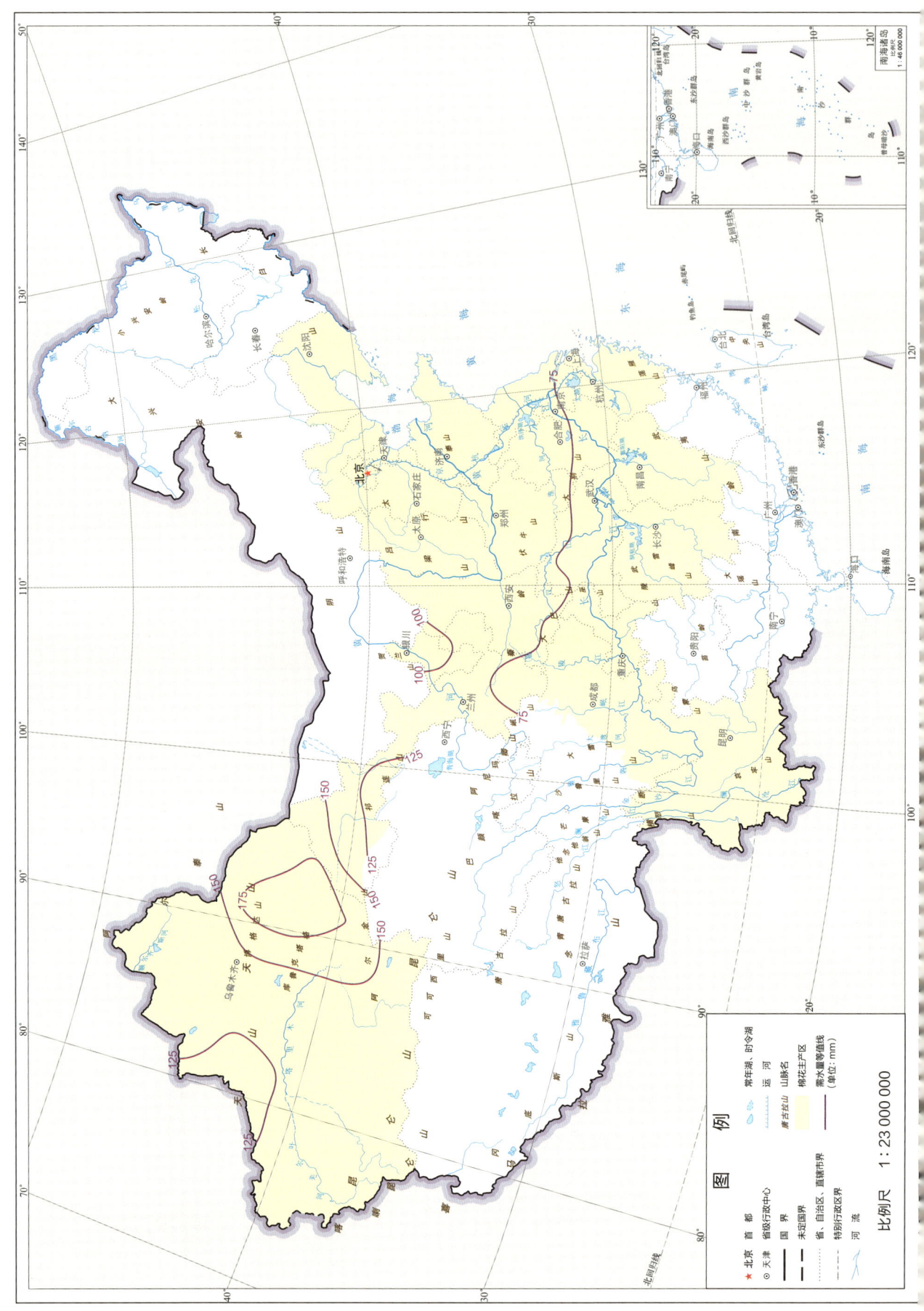

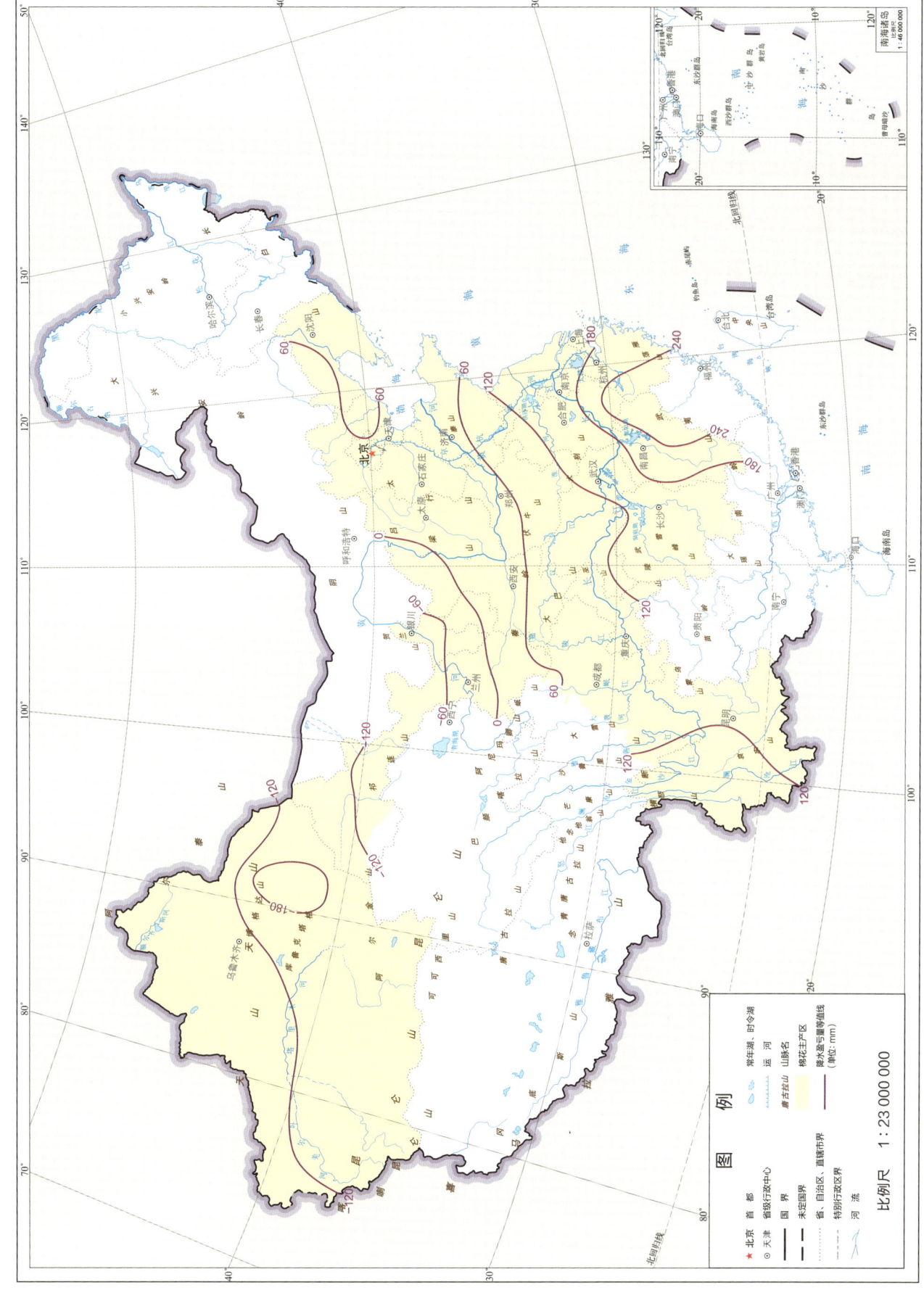

5 棉花开花期—吐絮期光温水资源

开花期—吐絮期是棉花产量形成的关键时期，植株由营养生长转为以生殖生长为主。棉花开花期—吐絮期日数一般为50～70 d，但黄河流域棉区和甘肃西北部棉区日数持续时间较长，一般＞70 d。西北内陆棉区开花期—吐絮期太阳总辐射量最高，自西向东由＜1300 MJ/m²增加至＞1600 MJ/m²。长江流域棉区开花期—吐絮期太阳总辐射量变幅较小，为900～1100 MJ/m²。黄河流域棉区自南向北则由1000 MJ/m²左右增加至＞1300 MJ/m²。棉花开花期—吐絮期太阳光合有效辐射量的变化规律与太阳总辐射量相似。其中，西北内陆棉区光合有效辐射量最高，自西向东由＜600 MJ/m²增加至＞720 MJ/m²；长江流域棉区光合有效辐射量最低，自西向东由＜360 MJ/m²增加至＞480 MJ/m²；黄河流域棉区自南向北由480 MJ/m²增加至＞600 MJ/m²。棉花开花期—吐絮期日照时数由＜240 h增加至720 h。其中，西北内陆棉区最高，仅南疆和田周边棉田日照时数＜540 h，其余地区均大于此值；长江流域棉区开花期—吐絮期日照时数最低，为240～360 h；黄河流域棉区自南向北由300 h增加至＞600 h。

棉花成铃期间温度越高，即≥20℃有效积温越多，棉铃发育越快，铃期越短。中国三大棉花主产区棉花开花期—吐絮期≥20℃积温变化由＜400℃·d增加至＞1600℃·d。其中，长江流域棉区≥20℃积温自西向东呈现逐渐递增的变化趋势，由＜600℃·d增加至＞1600℃·d；西北内陆棉区自北向南由＜400℃·d增加至＞1600℃·d；黄河流域棉区自北向南由＜600℃·d增加至＞1400℃·d。

棉铃发育的最适温度为25～30℃，气温过低会限制代谢，影响棉铃发育，气温过高则影响光合作用，导致铃重下降。中国三大棉花主产区棉花开花期—吐絮期平均气温总体变化较小，基本由＜16℃增加至＞30℃。西北内陆棉区极端最高气温由＜24℃增加至＞36℃，且南疆大部分棉区＞33℃；长江流域棉区极端最高气温自西向东由＜24℃增加至＞33℃；黄河流域棉区极端最高气温自北向南由＜24℃增加至＞30℃。棉花开花期—吐絮期极端最低气温由＜6℃增加至＞24℃。西北内陆棉区极端最低气温由＜6℃增加至＞18℃；长江流域棉区极端最低气温自西向东由＜12℃增加至＞24℃；黄河流域棉区极端最高气温自北向南由＜12℃增加至＞21℃。

开花期—吐絮期是棉花产量形成的关键时期，对水分需求最大，对水分亏缺的敏感性也最大，如遇水分条件不足，需要及时补充灌溉以减轻对产量和品质的影响。在开花期—吐絮期，黄河流域棉区降水量从北到南由＜150 mm增加至＞300 mm，但降水量＜375 mm；长江流域棉区降水量均＞300 mm。西北内陆棉区需水量自西向东呈现逐渐递增的变化趋势，由＜360 mm增加至＞480 mm；黄河流域棉区需水量为240～300 mm；长江流域棉区需水量基本＜240 mm。西北内陆棉区降水盈亏量自西向东由＜-260 mm改变至＞-520 mm，这一关键生育阶段降水亏缺最大；黄河流域棉区降水盈亏量自北向南从-130 mm增加至＞0 mm；长江流域棉区降水盈亏量为0～260 mm，出现降水盈余。

棉花花铃期是需水需肥的高峰期，也是决定棉花产量和品质的关键时期。调整棉花生育期，使花铃期与当地光热最佳时段高度同步，以截获更多的光合有效辐射量，可提高光能利用率，产生更多的优质铃，获得高产优质。该时期也容易出现很多生产问题，如易发病造成蕾铃脱落；长江流域棉区和黄河流域棉区雨水较多，不利于结铃，且容易发生病害，造成烂铃和黑铃，而西北内陆棉区更易遭遇高温干旱天气，产生大量落铃；此时期棉铃幼嫩多汁，棉铃虫、红蜘蛛和蓟马等害虫危害较易发生；此时期棉花对水肥也比较敏感，水肥过多容易出现疯长，水肥不足则容易造成大量蕾铃脱落，出现早衰，影响棉花的产量和质量。在实际生产中，需要采取科学的管理措施，做好水肥高效管理、病虫害精准防治，争取多结铃、结优质铃。

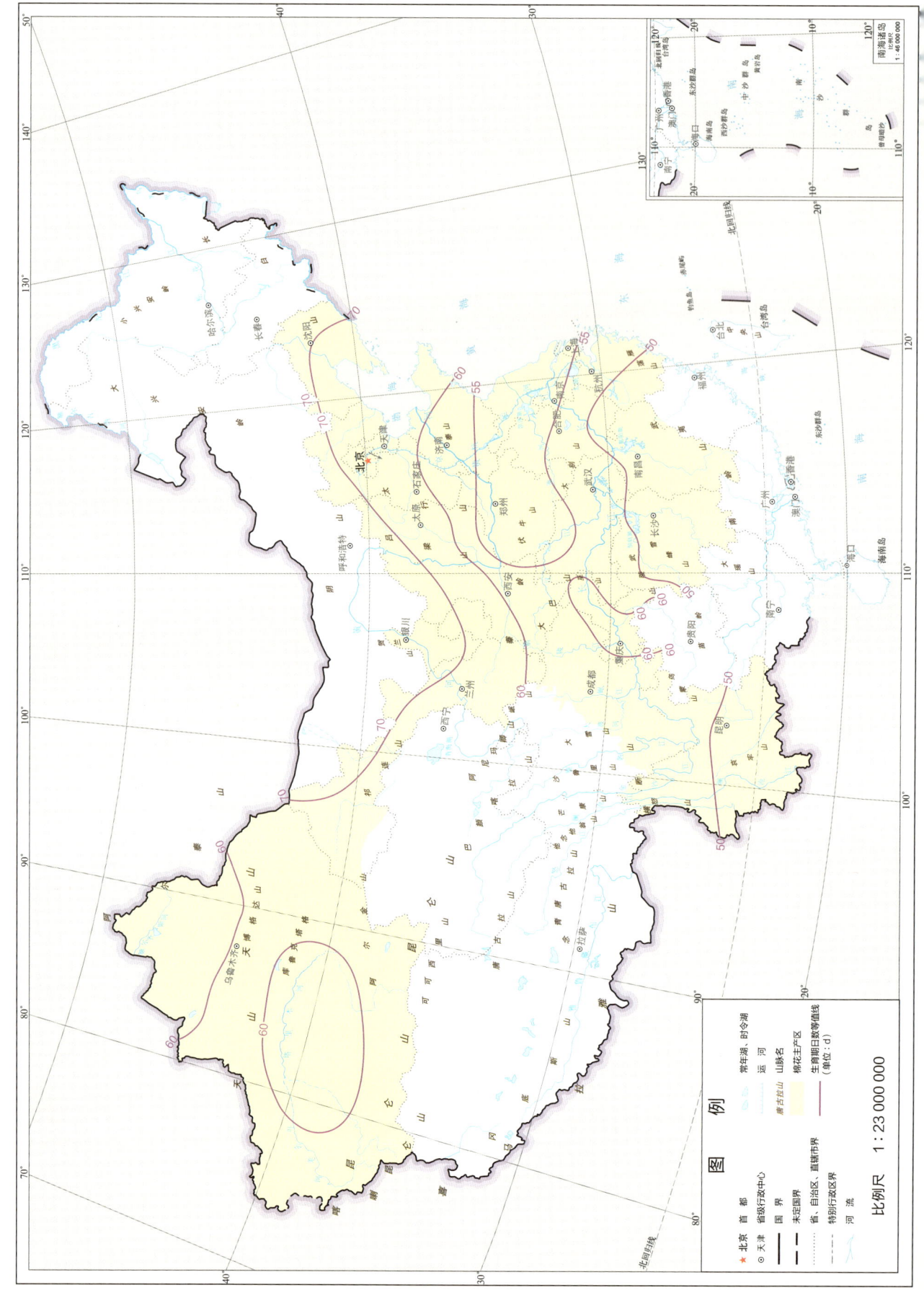

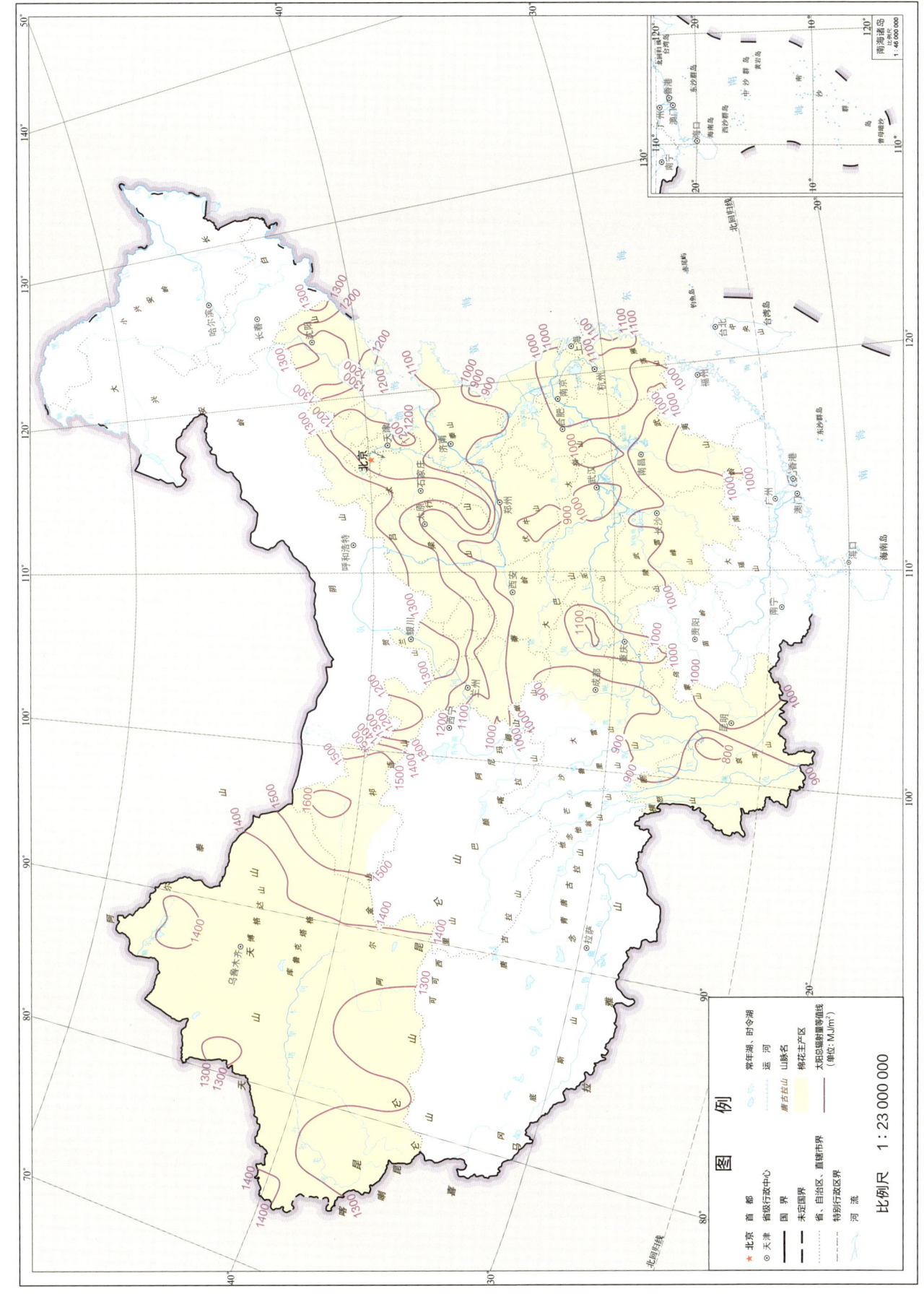

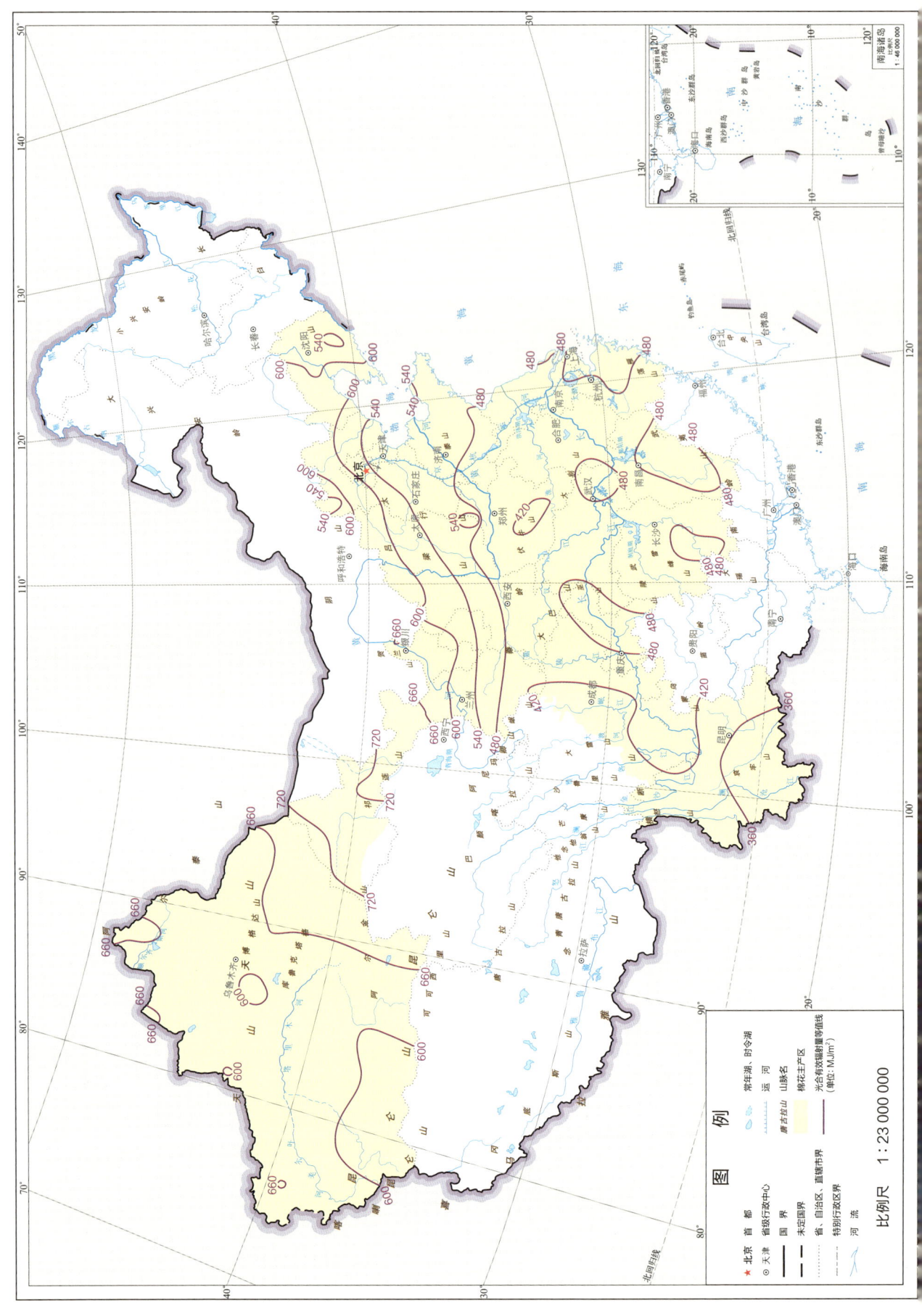
棉花开花期—吐絮期光合有效辐射量

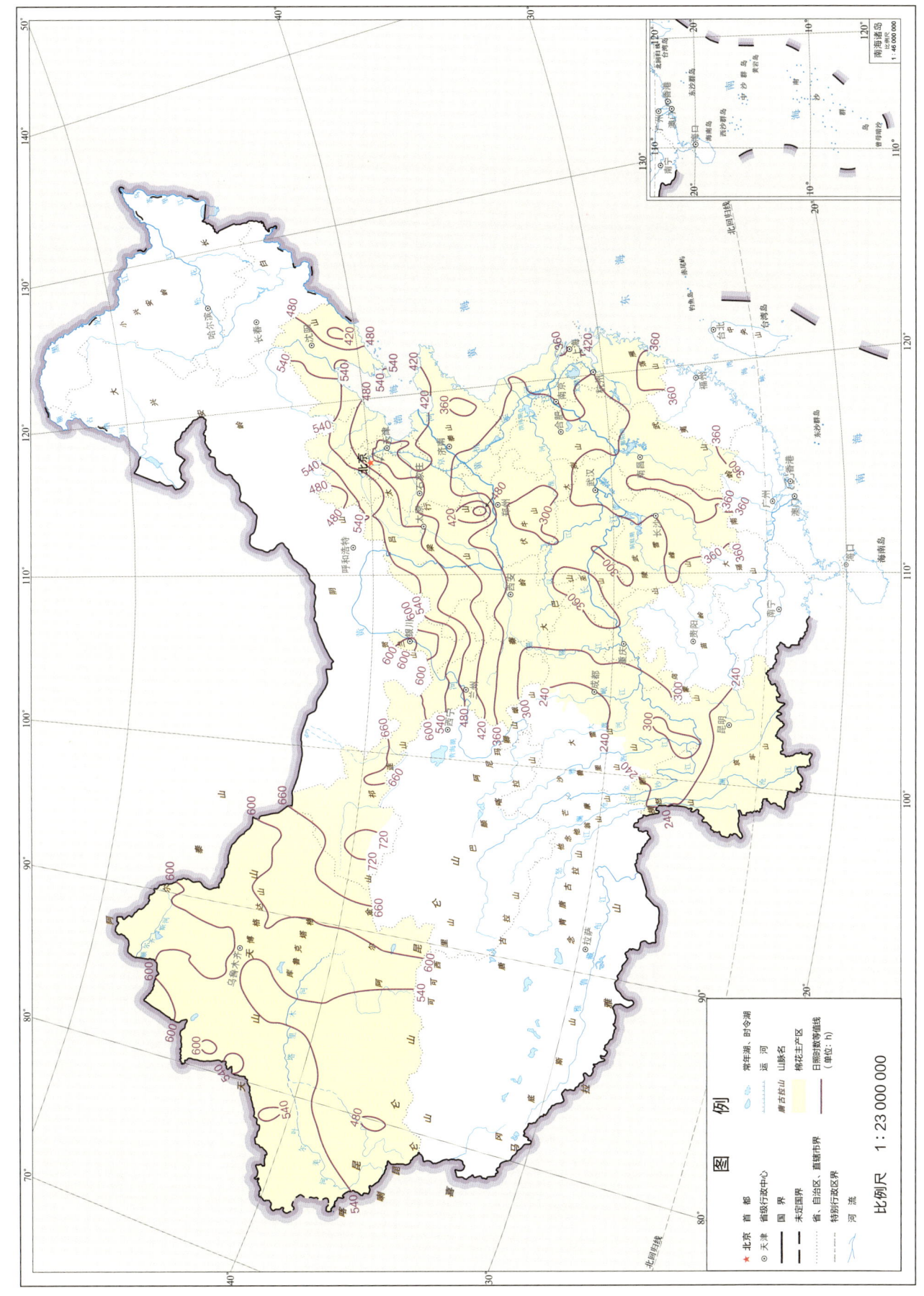

棉花开花期—吐絮期日照百分率

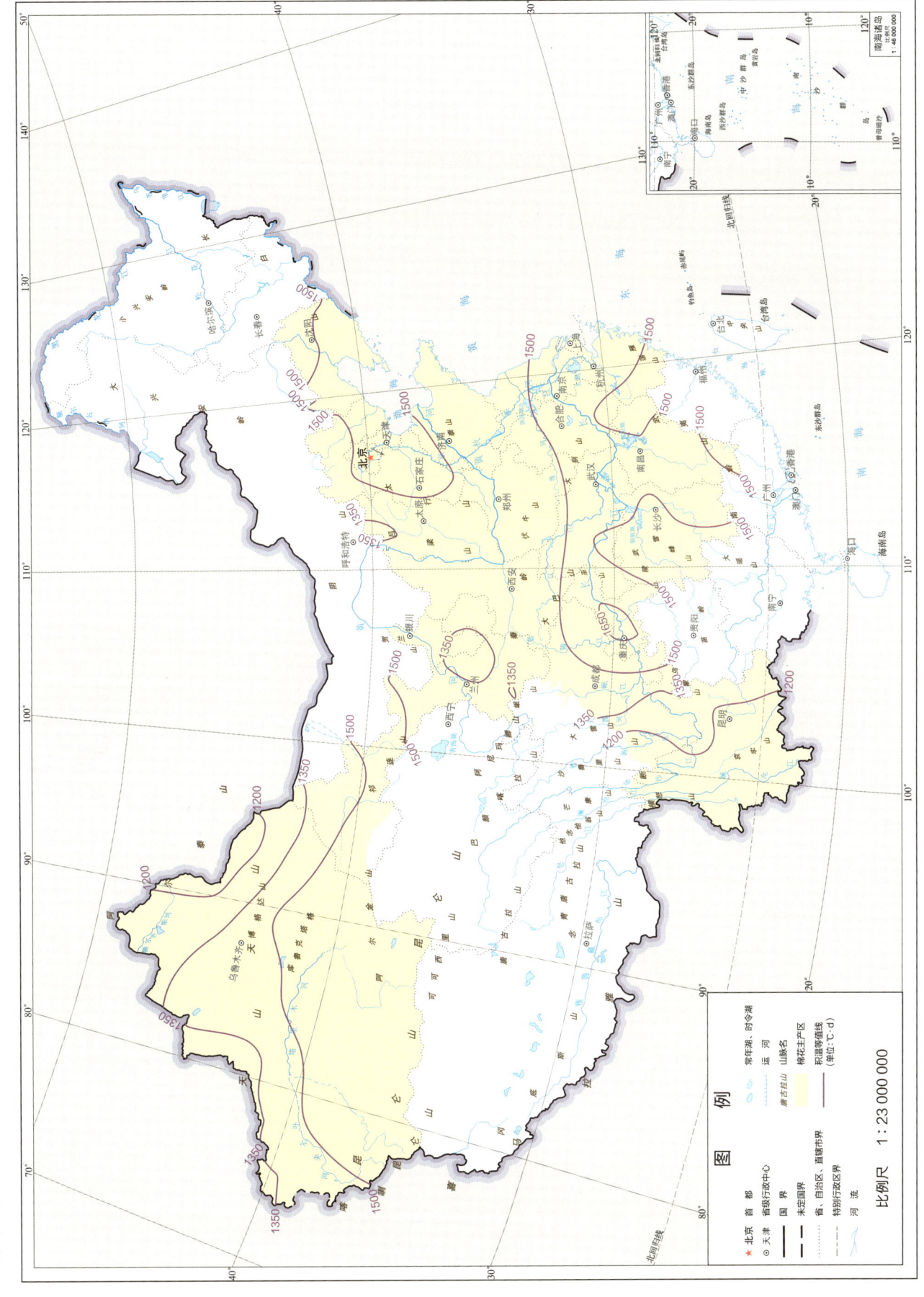

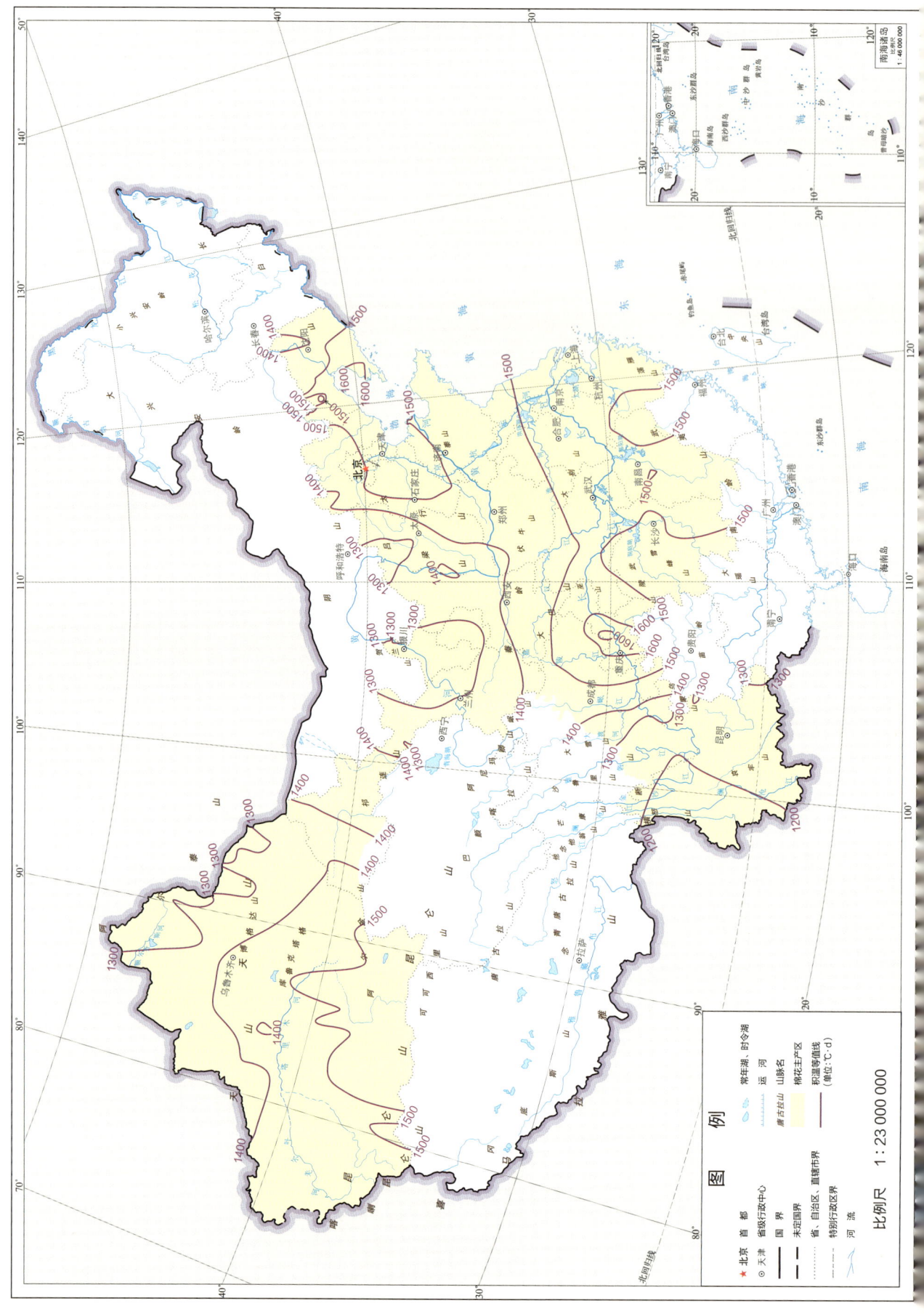
棉花开花期—吐絮期≥15℃积温

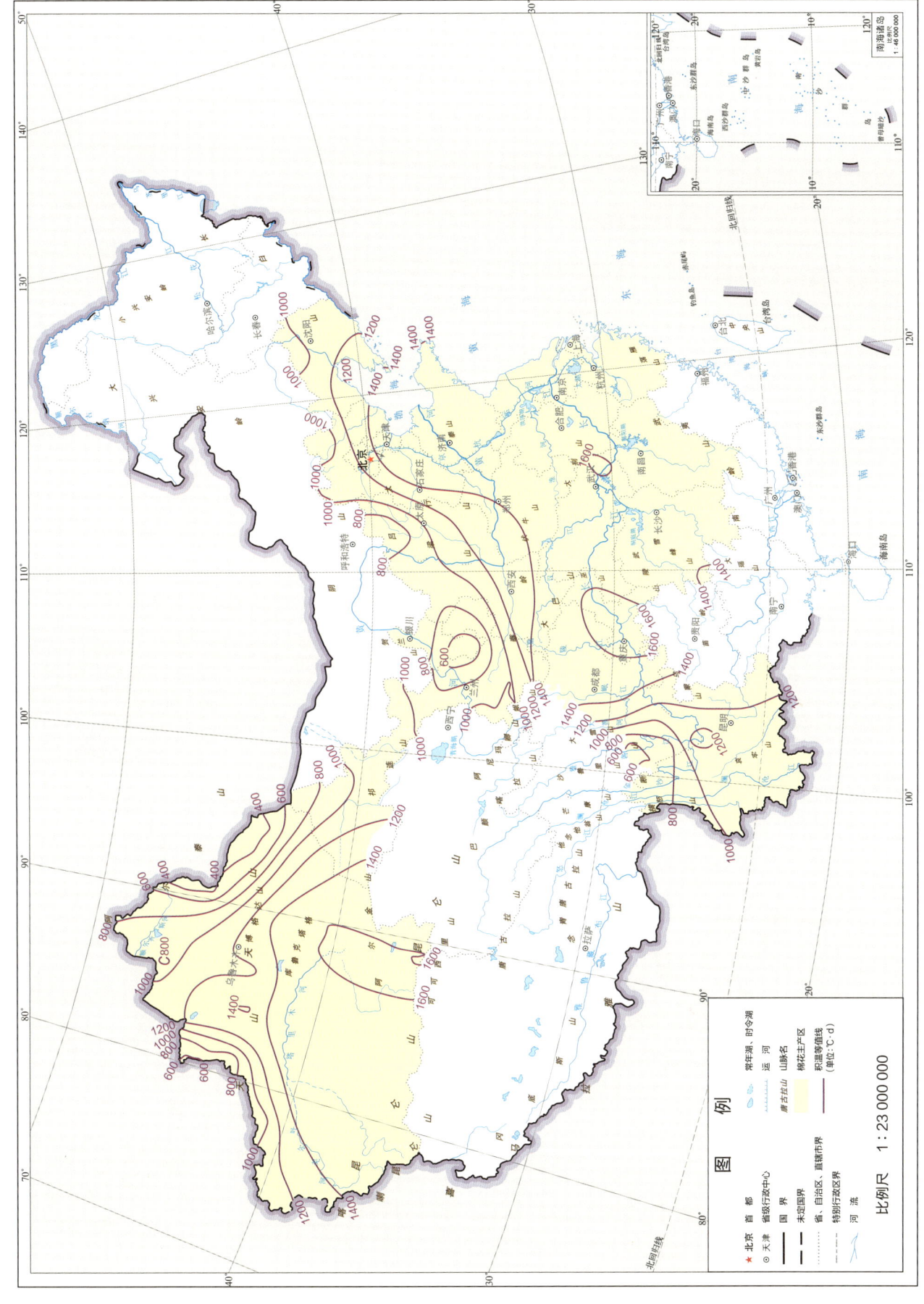

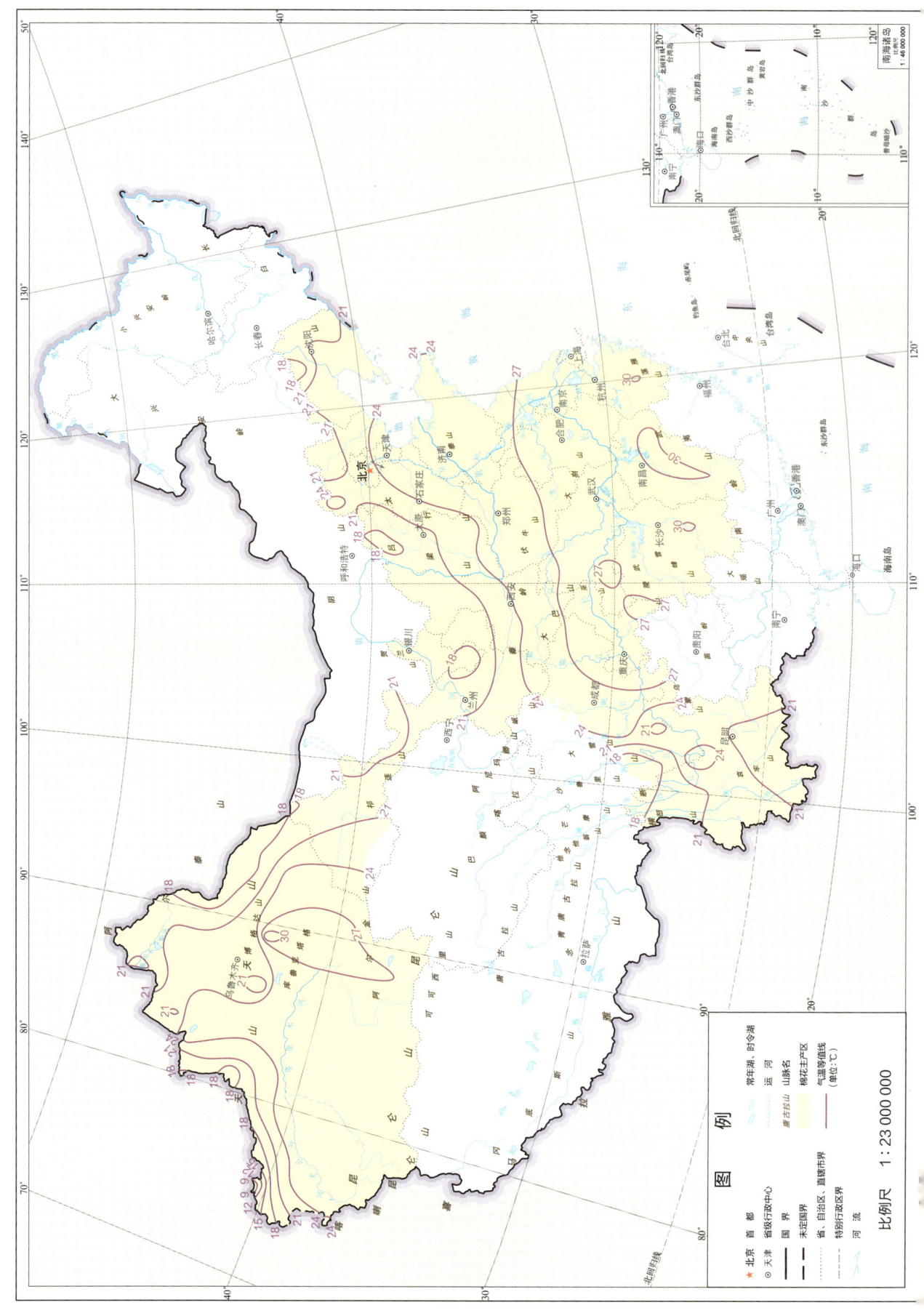

棉花开花期—吐絮期平均气温

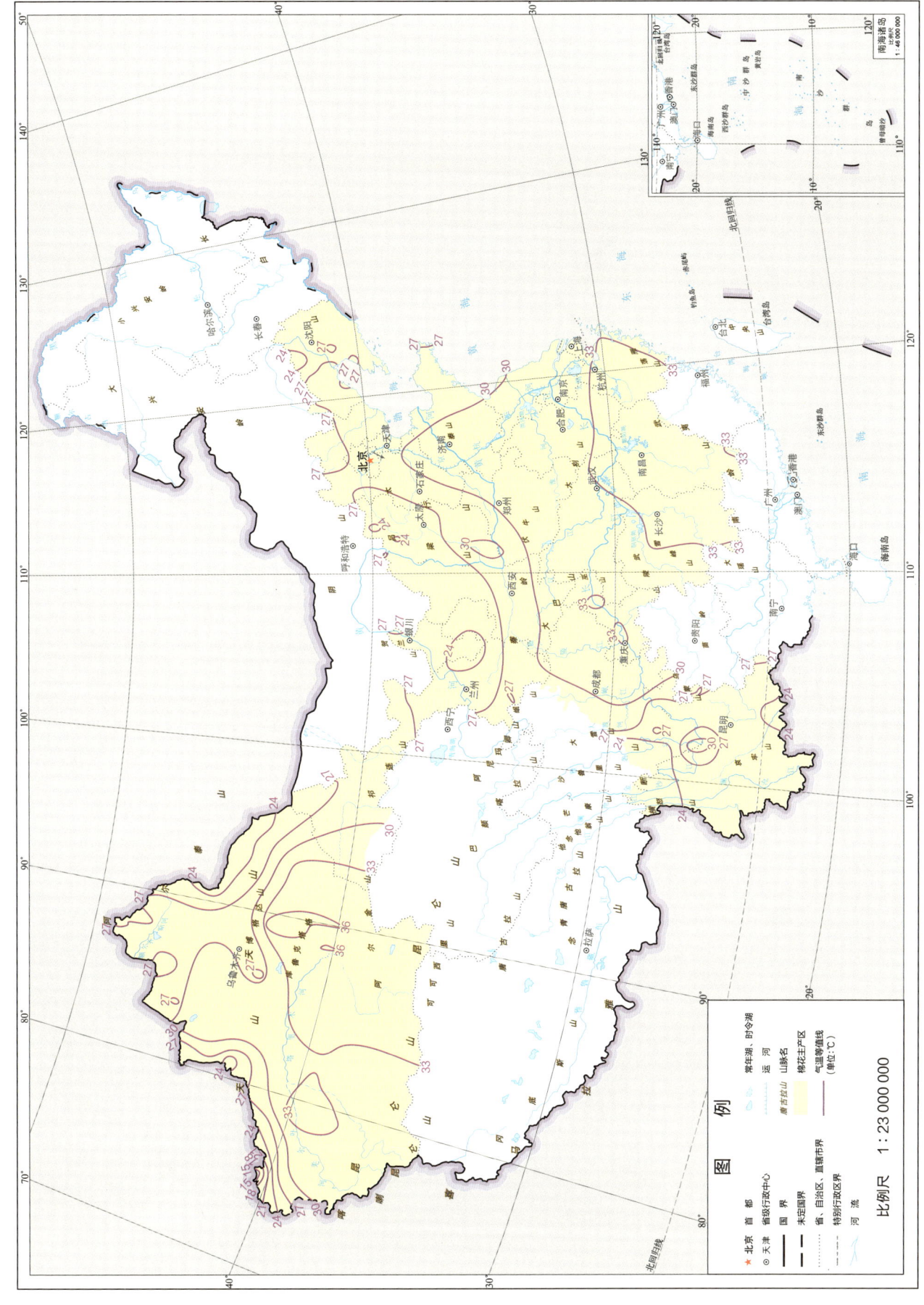

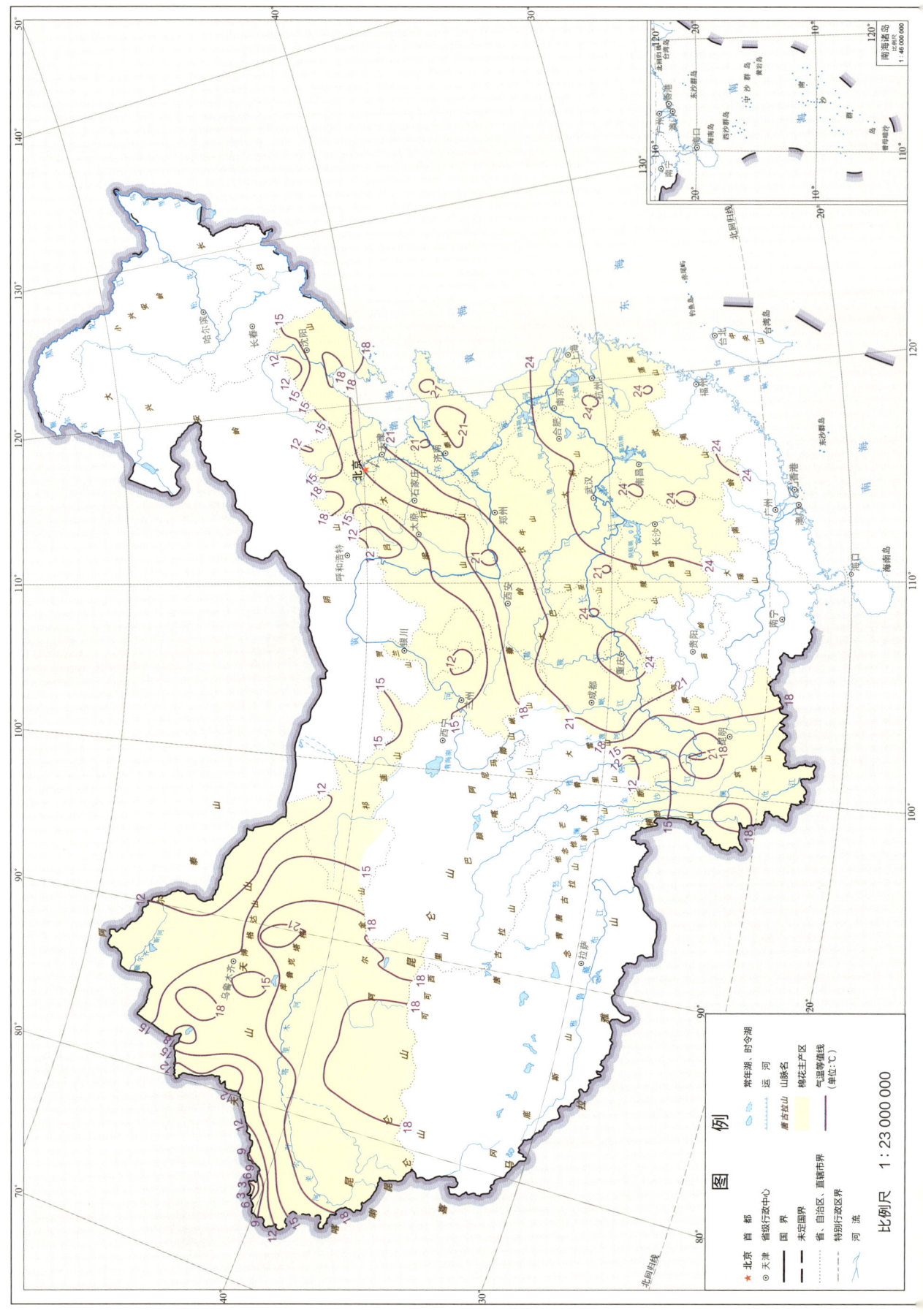

棉花开花期—吐絮期极端最低气温

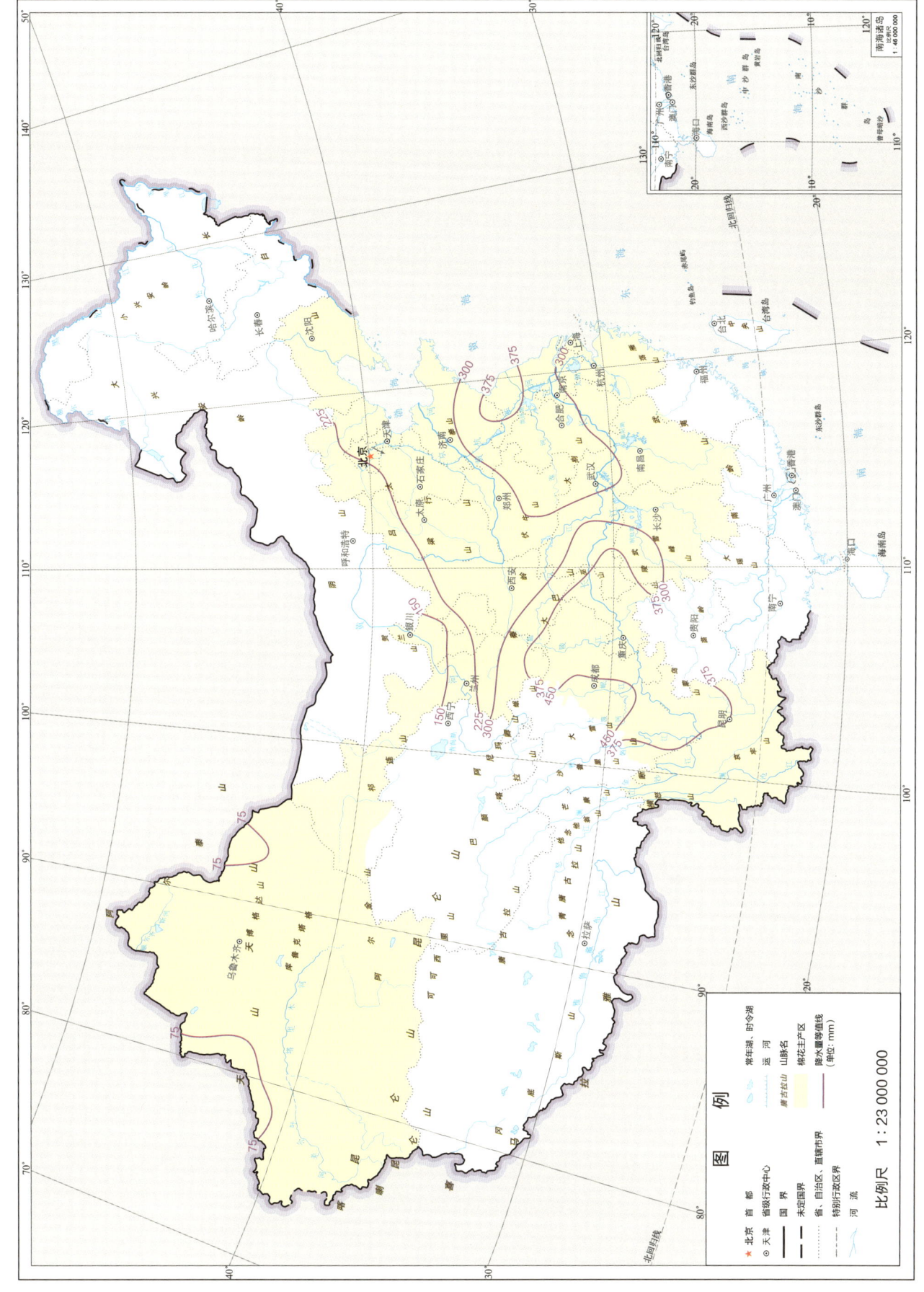

棉花开花期—吐絮期需水量

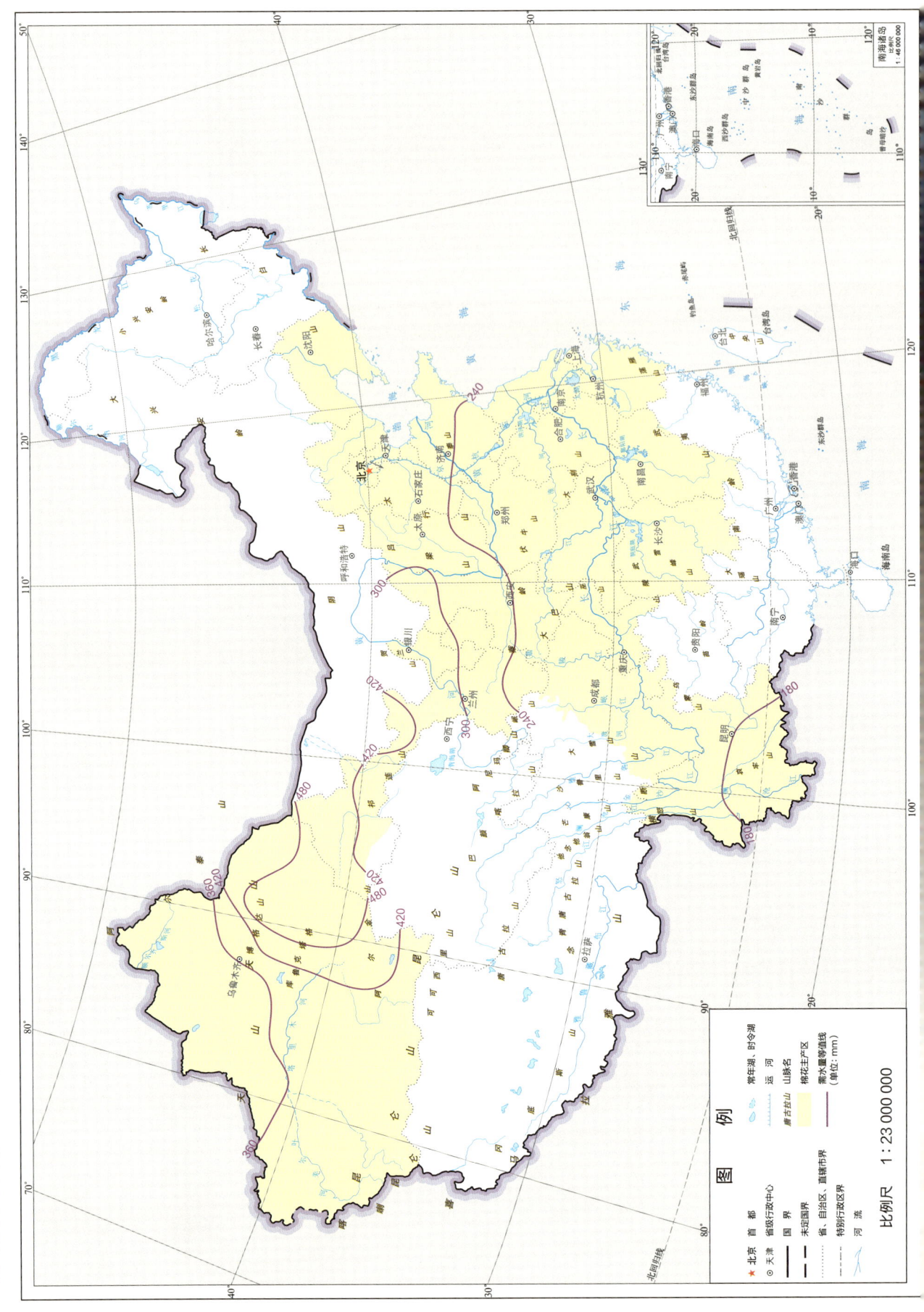

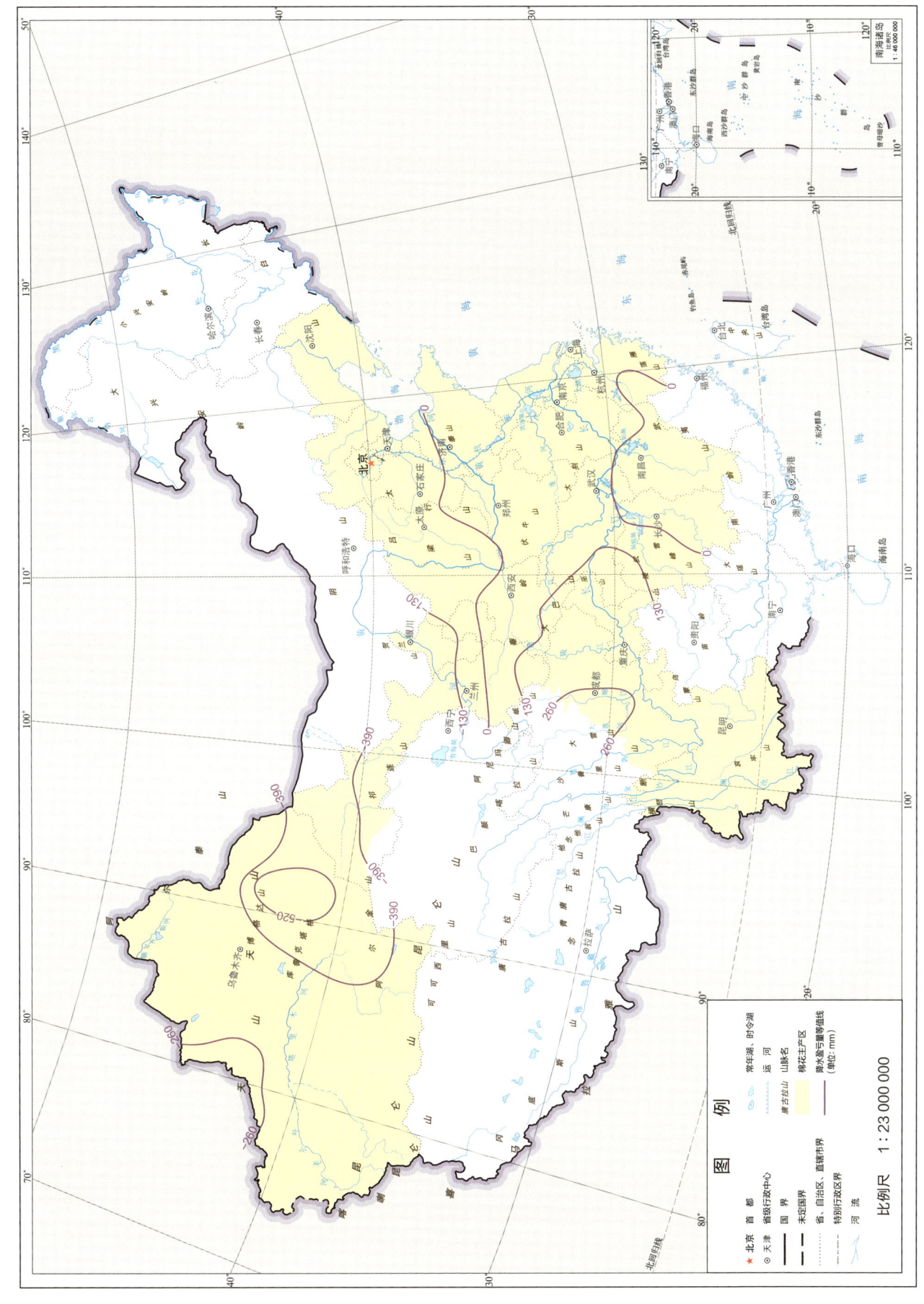

6 棉花主要灾害

枯萎病、黄萎病和棉铃虫是棉花在整个生长发育过程中遭遇的主要生物和非生物灾害，会造成棉花产量和品质下降，生产成本上升并造成损失，严重影响我国棉花产业的可持续发展。

枯萎病是棉花生长发育过程中的一种常见病害，其发生与土温和雨量有关。我国棉花枯萎病发生的气象条件为生育期内日平均气温为20~28℃的降雨日数。1981—2010年间，棉花种植灾害风险区内，棉花枯萎病易发生日数为0~50 d，其中高值区分布于云南西部和长江流域以南大部分地区。

黄萎病是导致棉花减产和纤维品质下降的主要土传病害，是除了在幼苗期几乎不会出现外，在其他生育期都有可能发生的一种真菌病害，病原菌为大丽花轮枝孢和黑白轮枝菌，属于半知菌亚门。一般在3~5片真叶期开始显症，生长中后期棉田大量发病，容易导致整个植株枯死或萎蔫。我国棉花黄萎病发生的气象条件为生育期内日平均气温为20~27℃，且日平均相对湿度＞80％的日数。1981—2010年间，棉花种植灾害风险区内，棉花黄萎病易发生日数为0~40 d，其中高值区分布于种植区内中南部。

棉铃虫广泛分布在我国三大棉花主产区。温度变化直接影响棉铃虫的存活率，生育期内，日平均气温25~30℃的无雨日数是棉铃虫容易发生危害的指标，气候变暖更加有利于棉铃虫越冬。1981—2010年间棉花种植风险区内，棉铃虫易发生日数为0~40 d，棉花种植区内均有发生。黄河流域棉区和长江流域棉区受害较重，西北内陆棉区也时有发生。可以通过冬春深耕、灌水，以及生物药剂等进行防治。

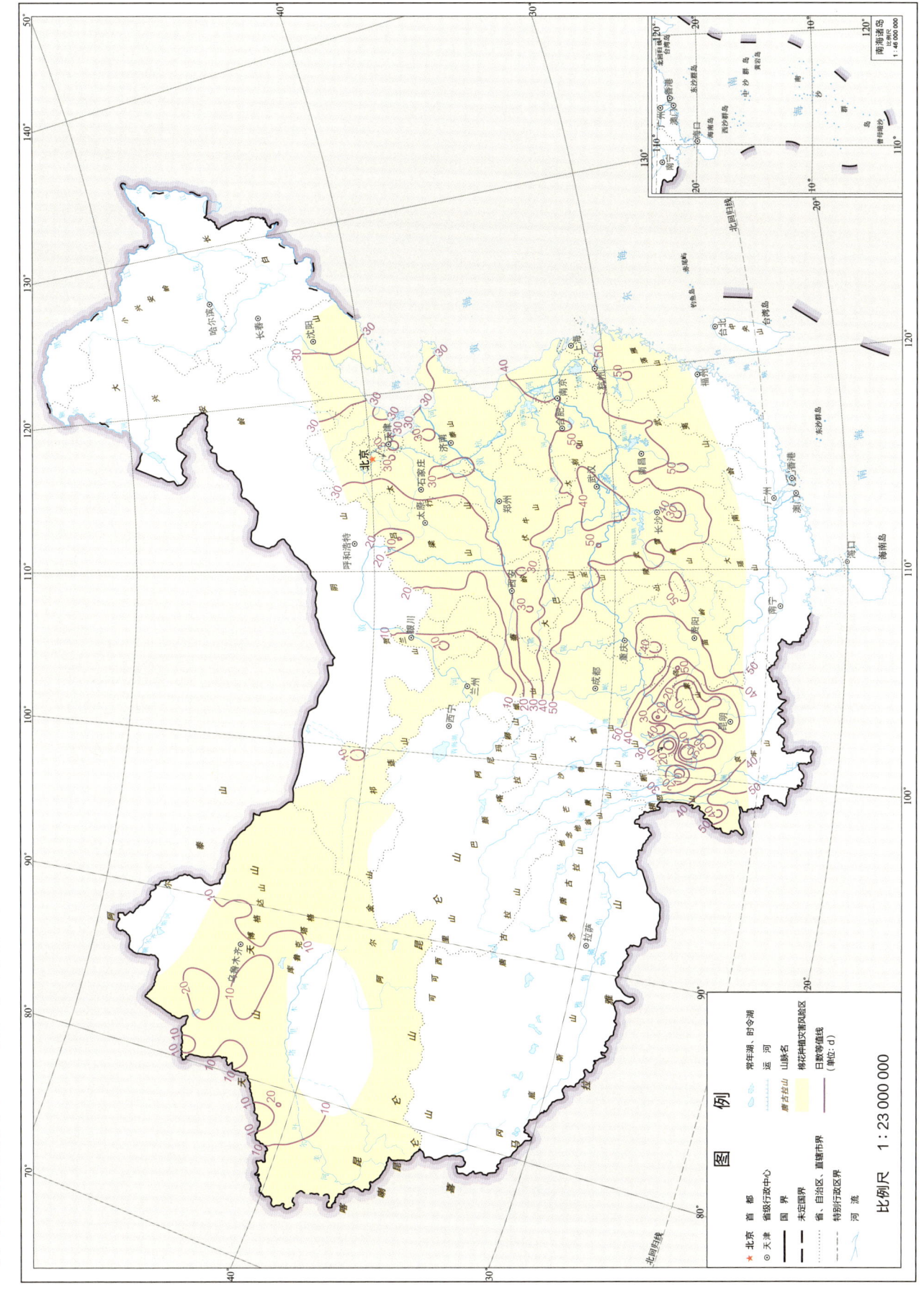

棉花黄萎病发生气象条件分布

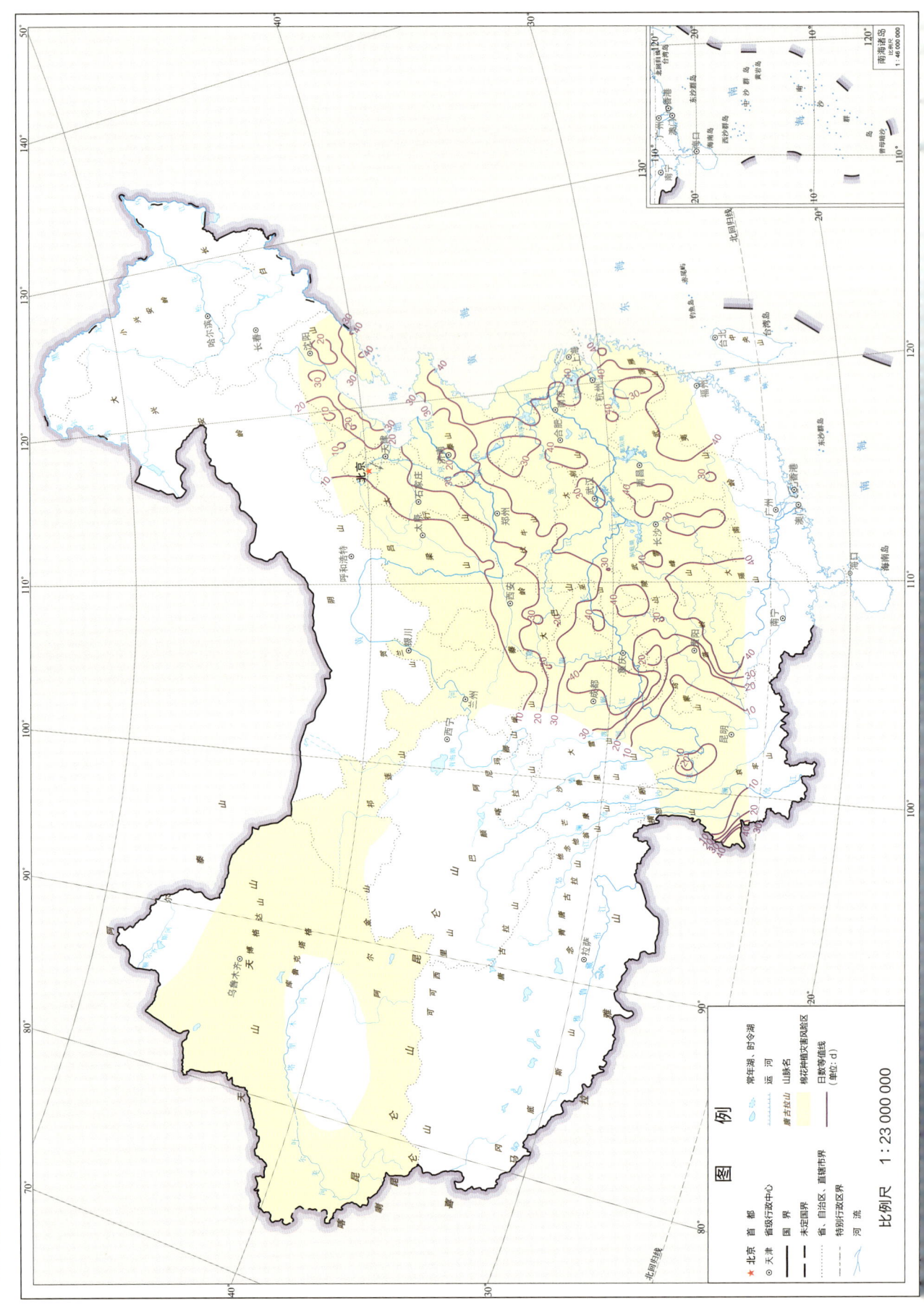

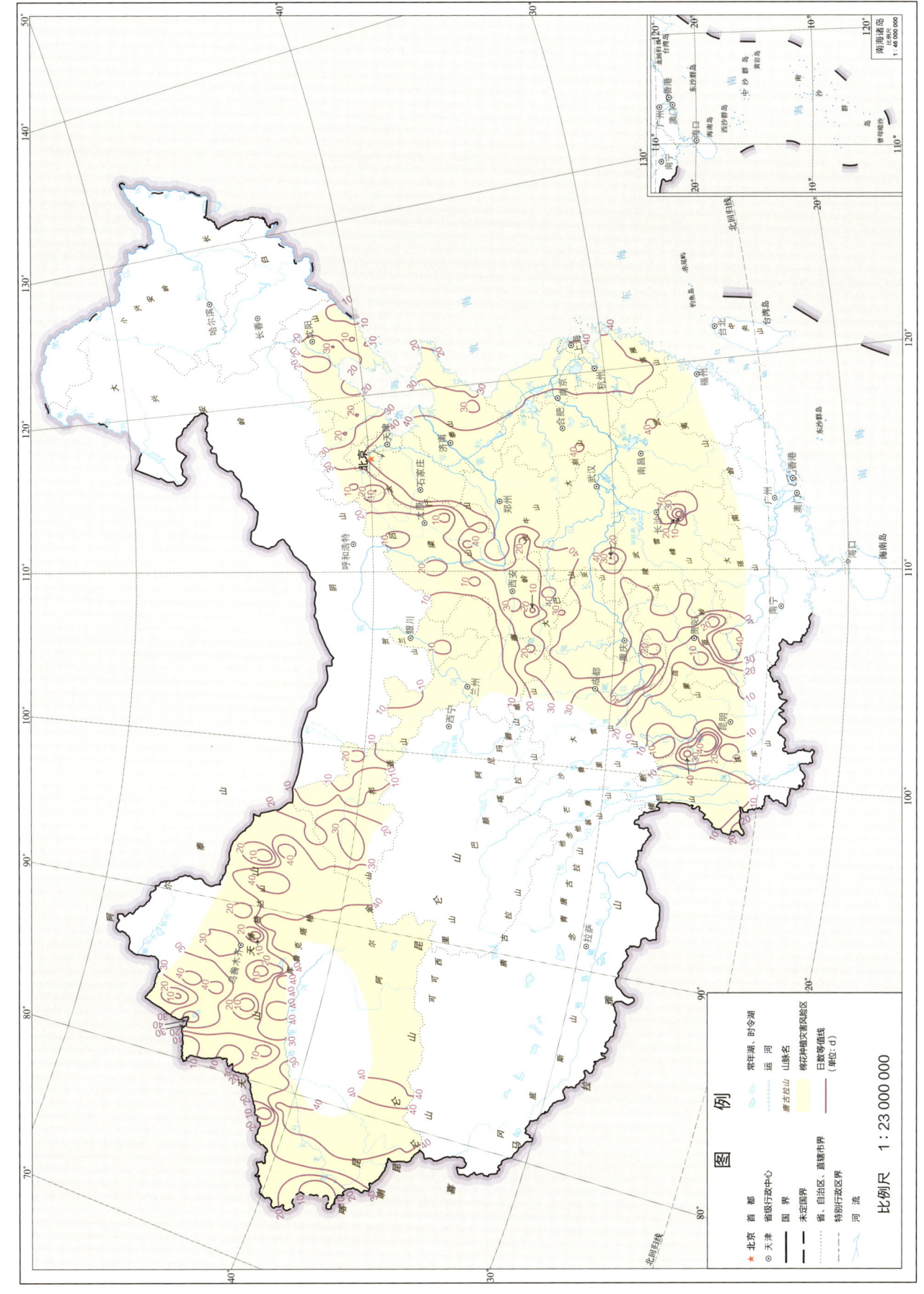

棉花棉铃虫发生气象条件分布

6 棉花主要灾害

参考文献

陈树仁，承河元，2001. 彩图解说棉花病虫害的诊断与防治［M］. 合肥：安徽科学技术出版社.

崔金杰，2004. 棉花病虫害诊断与防治原色图谱［M］. 北京：金盾出版社.

冯宏祖，王兰，马小艳，2017. 棉花病虫害防治彩色图谱蒙汉对照［M］. 乌鲁木齐：新疆大学出版社.

傅和玉，2000. 棉花病虫害的识别与防治［M］. 北京：中国盲文出版社.

高素华，1995. 中国农业气候资源及主要农作物产量变化图集［M］. 北京：气象出版社.

郭书普，2006. 棉花病虫害防治原色图鉴［M］. 合肥：安徽科学技术出版社.

郝东敏，郝云理，叶修祺，2010. 棉花减灾丰产与气象［M］. 北京：气象出版社.

郝云理，1993. 农业气象适用技术［M］. 北京：气象出版社.

江苏省农业科学院，1979. 棉花主要病虫害形态特征彩色挂图［M］. 北京：农业出版社.

李国英，2017. 新疆棉花病虫及其防治［M］. 北京：中国农业出版社.

刘芳，2011. 水分胁迫和温度变化对基质育苗移栽棉花的影响［D］. 北京：中国农业科学院.

陆宴辉，齐放军，张永军，2010. 棉花病虫害综合防治技术［M］. 北京：金盾出版社.

罗宏海，夏军，韩焕勇，2021. 棉种低温萌发生理及调控［M］. 北京：中国农业出版社.

雒珺瑜，马艳，崔金杰，2015. 棉花病虫害诊断及防治原色图谱［M］. 北京：金盾出版社.

马存，戴小枫，1998. 棉花病虫害防治彩色图说［M］. 北京：中国农业出版社.

梅旭荣，2015. 中国农业气候资源图集·作物光温资源卷［M］. 杭州：浙江科学技术出版社.

梅旭荣，2015. 中国农业气候资源图集·作物水分资源卷［M］. 杭州：浙江科学技术出版社.

梅旭荣，2015. 中国农业气候资源图集·农业气象灾害卷［M］. 杭州：浙江科学技术出版社.

田长彦，冯固，2008. 新疆棉花养分资源综合管理［M］. 北京：科学出版社.

吴小青，1985. 棉花病虫害防治技术挂图［M］. 上海：上海科学技术出版社.

杨晓光，刘志娟，李少昆，2021. 中国三大粮食作物潜在产量及气候资源利用图集［M］. 北京：科学出版社.

张惠珍，2010. 棉花病虫害防治实用技术［M］. 2版. 北京：金盾出版社.

郑巨云，艾先涛，王俊铎，2021. 新疆陆地棉品种SSR指纹图谱及身份证构建［M］. 北京：中国农业出版社.

《植保员手册》编绘组，1972. 农作物病虫害彩色图谱 单行本 第二分册 棉花［M］. 上海：上海人民出版社.